STUDY ON POPULARIZATION
OF THE TECHNIQUE

IN LOW CARBON
COMMUNITY

低碳社区技术
推广应用机制研究

刘学敏 等◎编著

社会科学文献出版社

SOCIAL SCIENCES ACADEMIC PRESS (CHINA)

《低碳社区技术推广应用机制研究》编著组

（按姓氏笔画排序）

卫新锋　王长在　王　正　王志强　王珊珊

王顺兵　王淳立　王　磊　刘学敏　孙淑静

张巧显　张　昱　李　强　周嘉蕾　罗永剑

姚　娜　赵雪如　崔　剑　梁佩韵　潘晓东

序　言

　　面对全球气候变化，发展低碳经济、构建低碳社会已经成为一种世界潮流。在这个大背景下，低碳城市和低碳社区建设也成为世界各国城市建设的共同追求，甚至很多国际化大都市都以建设低碳城市为荣。它要求，在关注和重视城市发展的过程中，同时关注和重视人与自然的和谐相处、人性的舒缓和包容，使经济发展中环境和生态代价最小化。

　　本书是"十一五"国家科技支撑计划课题"低碳社区建设关键技术集成应用示范研究"（课题编号：2009BAC62B03）研究的主要成果之一。

　　全书共分为五章，主要内容包括以下几个方面。

　　第一章在对低碳城市界定的基础上，认为城市社区是城市的有机组成部分，低碳城市的建设不能绕开城市社区。低碳社区要求在低碳发展理念下社区生产方式、生活方式和价值观念实现重大变革，它以低碳和可持续的理念来改变社区居民的行为模式，降低能源消耗和减少二氧化碳排放。本章提出了建设低碳社区的基本要求，同时，为了进行量的考核，构建了一套由若干个相互联系的统计指标所组成的低碳社区评价指标体系。最后，介绍了国内外低碳社区建设的典型案例。

第二章主要基于社区居民的基本生活需要，如居住、出行和日常消费等领域，介绍了创建低碳社区关键技术，包括社区清洁能源和可再生能源领域的 14 项适用技术、社区水资源利用的 17 项适用技术、固体废弃物处理与利用的 16 项适用技术、社区建筑节能的 15 项适用技术。

第三章基于"低碳社区建设关键技术是在一定的制度安排下推广和应用的"以及"制度高于技术"的认识，着重介绍了低碳社区关键技术的推广应用机制，分析了政府推动机制、市场机制和广泛的公众参与的作用机理，比较了各自的优势和局限性。

第四章主要分析了低碳社区关键技术推广应用存在的问题。这些问题主要是：城市发展增量与存量之间存在矛盾、示范工程与政策之间不匹配、管理体制不顺畅、城市规划原则存在缺陷、微观领域与宏观形势相错位以及低碳宣传老套和缺乏创新等。

第五章基于存在的问题提出了推进低碳社区关键技术推广应用的政策措施，主要是：推进反"功能区"传统的城市规划、摒弃现代经济学错误思维、社区低碳和节能减排政策创新以及推进低碳社区能力建设等。当然,在城市推行节能减排和低碳技术时,还存在着一些制度性障碍,这不是在短期内可以消除的,需要长期艰苦的努力。

此外,本书还提供了《对北京市建立公共自行车系统的调研与思考》和《武汉市江岸区节能减排和低碳社区建设调研报告》两个附录,分别对低碳社区建设相关问题进行了调研,通过数据分析,发现了一些问题,并提出了相关政策建议。

低碳社区的建设是一个全新的课题,社区低碳技术的推广和应用也需要不断探索,尤其是科学技术在不断进步,某项技术一经应用,就会固化,在相当长一段时期内发挥作用,从而"阻碍"更新的技术的应用。因此,探索技术推广机制具有非常重要的意义,是谓"制度高于技术"。

当然,本书的研究仅仅是初步的,尤其对各种低碳社区建设关键技术的掌握是"相当"不全面的,舛误疏漏在所难免,还望读者谅解。

目　录

第一章　从低碳城市到低碳社区

面对全球气候变化，发展低碳经济、构建低碳社会已经成为一种世界潮流。在这个大背景下，低碳城市和低碳社区建设也成为一种时尚，成为世界各国城市建设的共同追求，以至于很多国际化大都市都以建设低碳城市为荣，在关注和重视城市发展的过程中，同时关注和重视人与自然的和谐相处、人性的舒缓和包容，使经济发展中的环境和生态代价最小化。

第一节　低碳城市

（一）低碳城市的含义

低碳城市（low-carbon city），就是以低碳的理念重新塑造城市，城市经济、市民生活、政府管理都以低碳理念和行为特征，用低碳的思维、低碳的技术来改造城市的生产和生活，实施绿色交通和建筑，转变居民消费观念，创新低碳技术，从而达到最大限度地减少温室气体的排放，实现城市的低碳排放，甚至是零碳排放，形成健康、简约、低碳的生活方式和消费模式，最终实现城市可持续发展的目标。

由于城市是现代社会经济的聚集地，国民收入的主体部分是由位于城市的第二产业和第三产业创造的，同时，城市的碳排放占整个碳排放的 70% ~ 80%。城市作为人类活动的主要场所，其运行过程中消耗了大量的化石能源，制造出全球 80% 的污染，而且城市的碳足迹比农村大两倍。另外，随着不断加快的城市化进程，城市扩张速度越来越快，城市也因此变得越来越脆弱，频繁发生的气候灾害威胁到了城市居民正常的生产生活。因此，城市发展的低碳化在全球的碳减排中具有重要意义，它意味着城市经济发展必须最大限度地减少或停止对碳基燃料的依赖，实现能源利用转型和经济转型。作为区域碳减排的重要单元和研究主体，城市是实现全球减碳和低碳城市化的关键所在。

改革开放以来，中国城市化进程快速推进，目前已经有一半以上的人口生活在城市或城镇。2011 年，中国城镇人口首次超过农村人口，比例达到了 51.27%，2012 年达到 52.6%。相关研究表明，未来 20 年内，中国的城市化率每年还会以 1 个百分点的速度推进。

虽然农业依然是国民经济的基础，农村问题、农民问题、农业问题依然重要，但城市社会问题、城市资源环境问题、城市经济发展问题必须给予足够的关注。由于城市已经成为经济活动的主要区域，城市的低碳发展就更为人们所关注。因此，在全球低碳发展的背景下，低碳城市呼之欲出。

中国科学院可持续发展战略研究组《2009 中国可持续发展战略报告——探索中国特色的低碳道路》① 将低碳城市的特征概括为：经济性，指在城市中发展低碳经济能够产生巨大的经济效益；安全性，意味着发展消耗低、污染低的产业，对人类和环境具有安全性；系统性，指在发展低碳城市的过程中，需要政府、企业、金融机构、消费者等各部门的参与，是一个完整的体系，缺少任何一个环节都不能很好地运转；动态性，意味着低碳城市建设体系是一个动态过程，各个部门分工合作，互相影响，不断推进低碳城市建设的进程；区域性，低碳城市建设受到城市地理位置、自然资源等固有属性的影响，具有明显的区域性特征。

（二）低碳城市建设的内容

第一，低碳经济发展。

---

① 中国科学院可持续发展战略研究组：《2009 中国可持续发展战略报告——探索中国特色的低碳道路》，科学出版社，2009。

简单地说，经济发展是 GDP 的增加，如果考虑到人口的因素，经济发展是人均 GDP 的增加。经济发展之所以重要，就在于它可以提供更多的就业岗位，可以使区域经济充满活力。经济学家认为，GDP 变化和失业率变化之间存在一种相当稳定的关系，GDP 每增加 2%，失业率大约下降 1%。因此，城市经济发展是城市建设和发展的基础。低碳城市的建设也必须以城市经济获得发展为基础。

城市低碳经济发展，就是要大力发展"新经济"，它包含两方面的内容：知识经济和循环经济。

知识经济是以知识为基础的经济，它以信息产业为主要增长动力，以信息技术和生物技术等高技术为主要载体。在经济活动中，它用智力资源来替代物质资源，而人的智力资源是可以无限开发的。目前，世界经济增长主要依赖于知识的生产、扩散和应用。经济学家认为，知识积累是经济增长的一个内生的独立因素，知识可以提高投资效益，知识积累是现代经济增长的源泉。同时，技术进步和知识积累重点地投射到人力资本上，特殊的、专业化的、表现为劳动者技能的人力资本才是经济增长的真正源泉。

循环经济通过减量化、再利用、资源化和无害化，把资源的使用限制在资源再生的阈值之内，可以实现资源的可持续利用。仅有知识经济仍然没有突破线性经济的窠臼。循环经济的出现，不仅彻底改变了原有的经济模式，也更加丰富了新经济的内容。循环经济以环境无害化技术、资源回收利用技术和清洁生产技术为主要载体，实现了资源节约和环境友好的目的。

知识经济和循环经济已经成为当今世界发展的两大新趋势。[①] 为此，低碳城市建设就是要在城市经济发展中，在经济增长的同时，使物质资源的消耗相对下降，甚至绝对下降，用智力资源替代物质资源，产业更加轻型化、轻物质化，产业结构优化，城市在经济发展、人民收入增加和充分就业的基础上，保持环境友好、生态优良，实现经济发展与生态环境的双赢，使城市居民身心愉悦，在人与自然的和谐中更加快乐地享受生活。

第二，城市绿色科学规划。

科学的城市规划是建设低碳城市的重要内容。在城市的绿色、低碳、科学规划中涉及的内容很多，包括城市的功能区划、城市的产业发展、城市的绿色建筑、城市的绿色交通、城市垃圾处理等。

从发生学的角度看，城市的产生本身就是由第二产业带动的，工业化是城市化的"因"，城市化是工业化的"果"。从目前城市的产业发展的情况看，要从规划上降低高碳产业的发展速度，提高发展质量；要加快产业结构、产品结构、产业组织的调整，加大淘汰

---

① 参见李良园主编《上海发展循环经济研究》，上海交通大学出版社，2000，第1页。

污染工艺、设备和企业的力度，通过规模化来提高城市产业经济效益，从决策源头上保证城市的产业向低碳的方向发展。

在低碳城市规划中，要竭力避免把城市严格分为"商业区""办公区""居住区"等功能区，尽量缩减工作地和居住地之间的距离，从而最大可能地减少人流量。当前，中国进入城市化加速发展的重要历史时期，城市的合理规划和设计显得尤为重要。然而，许多城市由于规划不合理，过分强调"功能区"功能，以至于人们把许多时间浪费在通勤上。如很多城市的一些小区实际上可以被称为"卧城"（仅仅是晚上睡觉的地方），而在上下班高峰期则大量拥塞，严重地影响了居民的生活质量。

在碳排放清单的编制中，建筑耗能和碳排放占有重要的位置。因此，建设低碳城市，一个重要的组成部分就是绿色建筑，它需要最大限度地节约资源、保护环境和减少污染，同时能为人们提供健康、适用、高效的工作和生活空间。城市绿色建筑的内容包括：建筑节能政策与法规的出台；建筑节能设计与评价技术、供热计量控制技术的研究；可再生能源等新能源和低能耗、超低能耗技术与产品在住宅建筑中的应用；推广建筑节能，促进利益相关者进行有效沟通的实施机制；等等。

在交通规划上，低碳城市需要倡导和实施以公共交通为主导的交通模式。城市公共交通一般包括常规的公交电汽车、出租车、小公共汽车以及城市铁路（市郊铁路或城市高速铁路）、地铁和地面或高架的轻轨等快速轨道系统。发展公共交通，可以节约资源，减少交通堵塞。据估计，通过汽车的轻型化、节能设计可以节约1/4的能源，而通过发展公共交通，则可以节约一半以上原来耗费的能源。目前，我国许多地方为了拉动经济增长，仍然在鼓励人们拥有私家车，其结果是，交通不堪负荷，既浪费资源，也污染环境（城市污染中的氮氧化物主要来自汽车尾气）。

第三，城市绿色能源利用。

简单来说，绿色能源就是清洁能源和可再生能源。狭义上，绿色能源包括氢能、风能、水能、生物能、海洋能、燃料电池等可再生能源；而广义的绿色能源包括在开发利用过程中采用低污染的能源，如天然气、清洁煤和核能等。对城市来讲，通常能源利用属"输入型"，所以在碳排放清单编制中，能源排放更多的是间接排放，从产品与服务的整个生命周期的角度，计算出各部门的隐含碳排放。

在城市绿色能源利用中，生物质能是太阳能以化学能形式贮存在生物中的一种能量形式，一种以生物质为载体的能量，它直接或间接地来源于植物的光合作用。在各种可再生能源中，生物质能是独特的，它是贮存的太阳能，更是一种唯一可再生的碳源，可转化成常规的固态、液态和气态燃料。太阳能清洁能源是将太阳的光能转换成其他形式的热能、电能、化学能，能源转换过程中不产生其他有害的气体或固体废料，是一种环保、安全、无污染的新型能源。① 太阳能的利用主要是光与热的转换，如太阳能热水器、太阳能灶、太阳能热发电系统等，以及光与电的转换，如太阳能电池板、太阳能车、船等。风能是地球表面大量空气流动所产生的动能。水能是一种可再生的清洁能源，是指水体的动能、势能和压力能等能量资源。目前，"绿色能源"在全球能源结构中的比重已占到15% ~ 20%，拥有先进技术并已取得良好效益的国家主要集中在欧美。

建设低碳城市，必须采取开源节流的战略，即一方面节约能源，另一方面开发新能源。

第四，政府绿色办公和居民绿色消费。

在低碳城市建设中，政府绿色办公是一个重要环节。这是因为，中国的社会主义市场经济是政府主导型的市场经济，政府在社会生产和社会生活中的作用举足轻重，政府办公中的低碳和绿色，对建设低碳城市意义重大。其实，政府部门是不生产的，属于消费部门。

政府的绿色办公包括：根据公务用车的配备标准和编制数量及时更新购车计划，严禁超标准、超编制采购公务用车，提高新增公务车中小排量和清洁能源汽车比例，开展公务自行车试点；倡导用

---

① 目前开展的对太阳能综合利用的全生命评估（LCA）结果显示，以往太阳能光电转换的利用方式，因依赖太阳能电池板这一生产过程中高污染、高耗能的材料，所以利用成本和环境代价都较高。

电高峰时段每天少开一小时空调，使用空调时关好门窗，日常办公尽量采用自然光，离开会议室等办公区时随手关灯，推广使用节能环保铅笔等绿色办公用品，开展零待机能耗活动，推广使用节能插座等降低待机能耗的新技术和新产品，提倡高层建筑电梯分段运行或隔层停开，上下两层楼不乘电梯，尽量减少电梯不合理使用等；开展资源循环利用活动，推行公务用车厂家回收置换，开展废旧电脑、打印机、电池、灯管、报纸和包装物等回收利用，组织有条件的单位实施餐厨垃圾资源化处理，完善资源循环利用渠道，建立资源循环利用长效机制；开展政府机构节能宣传教育活动，围绕节约型机关建设，组织开展"能源紧缺体验""厉行节约""反对食品浪费"等活动。

居民的绿色消费就是倡导和实施一种低碳的消费模式、一种可持续的消费模式，在维持高标准生活的同时，尽量减少使用消费能源多的产品。人类为了摆脱不可持续发展的危机，必须从改变导致自身生存环境破坏的消费模式开始。马克思认为，消费不仅是生产的终点，也是生产的起点；消费不但实现生产，而且反过来促进生产，同时也影响交换和分配。[①] 居民的绿色消费可以体现在衣、食、住、行各个方面，从日常生活做起，节省含碳产品的使用，反对浪

---

① 《马克思恩格斯全集》第 46 卷（上），人民出版社，1979，第 26 页。

费和过度奢华，倡导一种简约的和可持续的生活方式。绿色消费不仅是消费无污染、质量好、有利于健康的产品，更是保护环境、协调人与自然关系的体现。发展绿色消费，优化消费结构，不仅可以更好地满足居民的需要，而且可以带动绿色产业的发展，促进产业结构的升级优化，形成生产与消费的良性循环。

第五，城市垃圾处理。

由于垃圾处理是碳排放的重要方面，所以在低碳城市建设过程中，必须关注城市垃圾处理。城市垃圾是城市中固体废物的混合体，包括工业垃圾、建筑垃圾和生活垃圾。目前，国内外广泛采用的城市生活垃圾处理方式主要有卫生填埋、高温堆肥和焚烧等。虽然各个城市采用的处理方式不同，但最终都是以无害化、资源化、减量化为处理目标。

在城市碳排放清单的编制中可以看到，城市垃圾处理也是碳排放的重要领域。要建设低碳城市，首先要从源头减少垃圾的产生。目前许多城市采取的办法有：净菜上市，减少废弃部分；有价提供塑料袋，禁止菜贩无偿提供塑料袋，迫使人们又提起布袋子和菜篮子，使白色污染物从源头减少；商家回收产品包装物；简化包装，反对过度包装，对包装量远远超过物品重量、产生大量废弃物的商品加收污染税。其次是对于垃圾的综合利用和资源化，目前的成熟技术是以废弃的塑料、纸为主要原料压制成 HB 复合板，以取代各种板材。再就是城市垃圾焚烧发电,目前在中国,垃圾焚烧发电技术得到了快速发展,实现了大型垃圾焚烧发电技术的本土化,垃圾焚烧发电因大大减少填埋而能够节约大量的土地资源,同时也减少了填埋对地下水和填埋场周边环境的污染。

第二节　低碳社区建设

(一) 低碳社区的含义

广义地说,社区是人们共同生活的一定区域,是占有一定地域的人口集中体,由人口、地域、制度、政策和机构五个要素组成。从这个意义上说,社区包含城市社区和农村社区两个类型。

城市社区是城市的有机组成部分,低碳城市的建设不能绕开城市社区。城市活动分为城市生产和城市生活两个部分,城市社区更多地侧重于城市居民的生活。由于二氧化碳排放的压力主要来源于人口,而城市社区是承载人口最重要的基本单元,这就使城市低碳社区的建设成为低碳城市建设的重要内容和主要领域。同时,由于城市生产和城市生活不能截然分开,人们的生活也涉及建筑业、交通运输业以及服务业等领域的经济活动,因而低碳社区的建设非常综合,牵扯到人们消费领域的方方面面,与人们的衣、食、住、行密切相关。因此，低碳城市建设不能离开低碳社区建设。

低碳社区（low-carbon community）就是在低碳发展理念下，社区生产方式、生活方式和价值观念的重大变革。它以低碳和可持续的理念来改变社区居民的行为模式，降低能源消耗和减少二氧化碳排放。在社区内，既要将所有活动所产生的碳排放降到最低，也要通过生态绿化等措施，达到低碳甚至"零"碳排放的目标。低碳社区在满足居住生活需求的同时，通过区内建筑节能设计、道路和照明系统优化、新能源利用、节能环保宣传等实现居民节能环保意识增强，社区新能源（如太阳能路灯、太阳能热水器、地源热泵供暖等）利用充分，社区进入流出路径合理，社区居民生活舒适便捷，从而减小社区碳排放强度和总量的现代化概念社区。

低碳社区是未来城市社区建设的趋势，它不仅兼顾了居住生活等必需性要素，同时也体现了节能减排在社区建设中的应用，它是低碳发展在社区建设上的具体化。

（二）低碳社区建设的要求

低碳社区建设的核心是减"碳"，而减少碳排放，首先在于节约。如果一个家庭节约用能 50%，则同样也可以减少 50% 的碳排放。因此，低碳社区的建设与节能减排、建设资源节约型和环境友好型社区是高度重合的。低碳社区建设有如下要求。

第一，社区节水。

低碳社区建设首先必须节约水资源。目前，全国600多座城市中有2/3供水不足，其中，110座严重缺水；在32个百万人口以上的特大城市中，有30个长期受缺水困扰；在46个重点城市中，45.6%水质较差；14个沿海开放城市中有9个严重缺水，北京、天津、青岛、大连等城市缺水最为严重。

因此，低碳城市建设、低碳社区建设必须以节水为第一要务。从目前的情况看，很少有居民社区用水能够循环起来，现在居民社区属于粗放型的排水系统，最后将所有污水都输送到污水处理厂。建设低碳社区，可以对社区进行管线改造，实现污厕分流技术（即日常污水和厕所污水分流），日常污水可以经过简单处理成中水后再用来冲洗厕所、浇灌绿地；而厕所污水可用以沼气发电等。按照日常用水的用途初步估算，实行污厕分流基本可以节约40%以上的用水量。

第二，社区节能。

社区节能首先是建筑节能。建筑节能是在建筑物的规划、设计、新建（改建及扩建）、改造和使用过程中，执行节能标准，采用节能型的技术、工艺、设备、材料和产品，提高保温隔热性能和采暖供热、空调制冷制热系统效率，加强建筑物用能系统的运行管理，利用可再生能源，在保证室内热环境质量的前提下，减少供热、空调

13

制冷制热、照明、热水供应的能耗，其核心是在满足同等需要或达到相同目的的条件下尽可能降低能耗，做到在保证建筑物使用功能和室内热环境质量的前提下，降低建筑能源消耗，合理、有效地利用能源。

社区建筑节能关系到低碳城市建设，是城市可持续发展的重要内容。随着中国城市化的快速推进和城市建设的高速发展，我国建筑能耗逐年大幅度上升。据统计，建筑能耗已达全社会能源消耗量的32%，加上每年房屋建筑材料生产能耗约13%，建筑总能耗已达全社会能源总消耗量的45%。全面的建筑节能有利于从根本上促进能源资源节约和合理利用，缓解我国能源资源供应与经济社会发展的矛盾。

第三，生态社区建设。

生态社区是根据生态学原理，综合研究社会、经济、自然符合生态系统，并应用生态、社会、系统工程等现代科学技术而建设的居民满意、经济高效、生态良性循环的可持续发展的人类居住区。生态社区要体现和谐性、整体性、持续性的特征。

生态社区建设强调自然与人共生，人回归自然，社区融于自然，实现社区环境与区域自然环境的和谐共存。按照生态社区建设的要求，居民出行道路通畅、方便简捷，道路宽度适当、安全适用，满足生活、休闲、经营、消防、救护等要求；同时，社区绿色满园，清新怡人，形成"总量适宜、布局合理、植物多样、和谐统一"的绿色生态体系，总体呈现"区在园中、房在林中、路在树中、人在景中"的绿化美化效果。社区园林通过乔、灌、草合理配置，高、中、低错落分布，点、线、面有机结合，在局部地区进行植物造景，用园林植物烘托环境氛围，增加绿地品位和情调，满足居民游憩和身心健康需求。

随着城市化进程的加快和城市的扩张，城市土地比较收益日益高涨，"寸土寸金"，呈现出绿地越来越少的局面。为此，生态社区建设要通过合理的规划设计，充分利用自然通风、日照和交通条件，维持原有的生态系统，减少对环境的干扰和破坏；实现对资源的高效循环利用，减低资源消耗，充分利用再生资源；采用新型的自然清洁能源，如太阳能、地热能、风能和生物能等，以及各种节能措施，有效地减少能源消耗；减少废水、废气、固体废物的排放，并利用生态技术实现"三废"无害化、资源化和循环再生利用；控制室内环境的污染物质含量，提高环境的舒适度。此外，还可以有一些创新性的思路，如可以利用楼顶空地种植绿色植被或建成小花园，也可以开发阳台的绿化功能，在阳台外侧按统一标准设计建造连体式花盆，用来种植花木等。

第四，社区绿色出行。

绿色出行就是居民采用对环境影响最小、节约能源、提高能效、减少污染、有益于健康、兼顾效率的出行方式。绿色出行能降低出行中的能耗和污染，包括：乘坐公共汽车、地铁等公共交通工具；"拼车"、环保驾车；步行、骑自行车；等等。

绿色出行的目的是减少汽车的使用。汽车是增长最快的温室气体排放源，全世界交通耗能增长速度居各行业之首。汽车数量的迅速增加，导致了交通拥堵、"城市病"蔓延，使汽车原本的快捷、舒适、高效变成低效率。汽车的过度使用，还使城市社区的停车位供应紧张，占用了大量珍贵的土地资源。

汽车过度使用，造成噪声污染和汽车尾气污染，损害人体健康和生态环境。[①] 同时，现代社会"三高症"（高血压、高血糖—糖尿病和高脂血症）成为常见疾病，属于现代社会所派生出来的"富贵病"。究其原因，在于长时间饮食中脂类、醇类过多，又没有合理的运动促进脂类、醇类的代谢，从而导致体内脂类、醇类物质逐渐增多，掺杂在血液中，使毛细血管堵塞。随着时间的推移，脂类、醇类物质与体内游离的矿物质离子结合，就会形成血栓，导致一系列

① 据新华社 2013 年 2 月 3 日电，中国科学院"大气灰霾追因与控制"专项研究组发布的监测结果显示，2013 年 1 月京津冀共发生 5 次强霾污染。机动车、采暖和餐饮排放对北京强霾污染的"贡献"超过 50%。就北京而言，机动车为城市 PM2.5 的最大来源，约为 1/4。见《光明日报》2013 年 2 月 4 日第 1 版。

16

心脑血管疾病。

为此，低碳社区建设，一是要尽量使用公交系统。据统计，一辆公共汽车约占用 3 辆小汽车的道路空间，而高峰期的运载能力是小汽车的数十倍。公共汽车既减小了人均乘车排污率，也提高了城市效率。城市地铁的运客量是公交车的 7～10 倍，耗能和污染更低。二是要在空气质量良好和距离合适的情况下，采取步行、骑自行车等交通方式。

第五，社区垃圾减量化。

低碳社区建设要从根本上解决社区生活垃圾污染问题，做到及时清扫保洁，垃圾分类堆放，分类回收，定时清运，使社区垃圾实现资源化处理，利用社区网络开展卫生保洁、垃圾分拣、废品回收，将生活垃圾减量化、资源化、产业化作为环境管理、城市管理的新模式。

城市生活垃圾所造成的污染已是一个十分突出的环境问题。目前，许多城市已陷入垃圾的包围，由于受资金及技术等因素的制约，绝大部分的生活垃圾没有得到及时有效的处理。建设低碳城市、低碳社区必须坚持可持续发展的思想，实行社区垃圾最大限度地减量化，进而实现资源化和产业化。

实行垃圾减量化的关键是对垃圾进行分类处理，这涉及每个社区、每个家庭。生活垃圾分类处理是一种有序的、有目的的活动，这需要人们自觉地来进行收集、分类，要提高城市社区居民的环境与资源意识，让其自觉地避免产生废弃物，尽可能循环利用各种物资；就政府管理部门而言，要通过立法从工业品生产的源头规范清洁生产，限制过量包装，降低资源消耗，限制城市垃圾的排放量。

第三节　低碳社区评价体系

（一）建立评价指标体系的重要性

低碳社区的建设需要进行量的考核，为此，需要构建一套适合的指标体系，它是由若干个相互联系的统计指标所组成的有机体。指标体系的建立是进行预测或评价低碳社区建设的基础，它将抽象的概念化的低碳社区按照其本质属性和特征的某一方面的标识，分解成为具有行为化、可操作化的结构，并对指标体系中每一构成元素（即指标）赋予相应权重的过程。

构建低碳社区评价指标体系具有以下重要的意义。

（1）低碳社区指标体系的制定，首先需要对被评价社区进行系统分析和辨识，进而确定被评价社区需要解决的关键问题。其实，指标体系中的指标所要判断或度量的问题正是被评价低碳社区的主要方面，指标体系通过其总体效应来刻画被评价社区节能减排的总体状况。

（2）低碳社区指标体系可以使城市政府关注社区建设的关键问题和优先发展领域，同时也使城市政府掌握这些问题的状态和进展情况。

（3）低碳社区指标体系可以引导城市建设和社区发展，以可持续发展为指导思想，充分考虑节能减排。

（4）低碳社区指标体系可以反映城市社区的发展情况和相关政策的实施效果，使城市政府、社区管理者、社区居民随时掌握社区节能减排的各种信息；反过来，这些信息的反馈使城市政府及时地评估政策的正确性和有效性，进而对政策加以改进或调整。

（5）低碳社区指标体系的重要功能之一就是，在建设低碳社区后，应该对它进行过程监测和考核，指出哪些因素具有成长潜力，哪些因素阻碍着低碳社区建设，分析、预测社区节能减排的趋势；同时，通过考核、评价、引导，把低碳社区建设成低碳城市发展的样板区域。

（二）指标体系确立的原则

低碳社区建设指标体系确立应遵循以下原则。

（1）指标的系统性。这是由低碳社区建设本身的要求决定的，它要能够反映低碳社区综合性特点。指标的系统性要求各项指标从不同的侧面支撑社区的节能减排情况，各项指标之间相互联系，形成一个有机整体。

（2）共性指标和个性指标相结合。由于低碳社区建设在不同城市有不同情况，即使同一城市社区的情况也各不相同，考虑到低碳社区具有共同性的特点，同时结合各个社区的特殊性，可以采取共性指标和个性指标相结合的指标体系。

（3）集成性。由于潜在的指标可能无穷无尽，但出于实际考虑，应该选取包含信息最多的指标。它要求每一项指标要有较强的集成能力，这样，仅使用少的指标就可以把可持续发展能力反映出来。

（4）引领性。低碳社区建设的指标体系，能够考核和评价低碳社区建设的成绩，要适当设立一些指标，体现可持续发展研究的最新成果，引领低碳社区未来区域可持续发展的基本走向。当然，任何迅速变化、震荡、发散、无法把握和获得的指标都不宜列入指标体系。

（5）数据的易得性和可靠性。这要求在分析中所使用的统计资料容易得到，考虑到时间和资金的限制，要以合理的成本搜集到高质量的数据，而且数据要真实可靠。

（6）定性指标和定量指标相结合。对低碳社区的考核和评价不能仅仅使用定量指标，有些工作是不能计量的，如果仅仅使用定量指标，就有可能把低碳社区建设的真实过程湮没在一堆杂乱的数字中，所以必须是定性指标和定量指标相结合。

（三）指标体系构建的思路

低碳社区评价指标体系构建分为四个层级：目标层、主题层、表征层、指标层。

（1）目标层。低碳社区指标体系构建的目标是要评价低碳社区，或者说，各个指标最后要从不同的方面和领域支持低碳社区建设的目标。

（2）主题层。它是支撑实现低碳社区建设目标的主题或领域。在低碳社区指标体系中设置了四个主题层：社区居住、社区出行、社区环境、日常生活。

（3）表征层。表征层即子主题层，主要是要说明主题是由哪几个方面表现出来。指标体系中的表征层主要包括以下八个方面。

- 社区建筑（表征社区居住）

考虑地理位置，主要以南北向建筑布局为主，鼓励自然通风设计；大量采用遮阳、保温、隔音等环保技术，最大限度提高建筑节能，降低单位建筑能耗。

- 社区交通（表征社区出行）

社区建设优化公交线路设置，提高公交设施使用的便利程度，打造环境宜人、便于通达的慢行交通系统，倡导绿色出行方式；建设可再生能源充电（气）站。

● 社区土地利用（表征社区环境）

社区建设布局高效紧凑，能最大限度地节约用地，住宅、商业、配套设施混合开发，使公共空间有效结合，基础设施完善，社区配套设施齐全，服务半径合理。

● 社区生态绿地（表征社区环境）

社区建设要保护利用自然地貌，提高空气、噪声、地表水质标准，保持良好的自然环境；增大人均公共绿地面积，提升排氧能力和碳汇能力，选用适合本地的绿化物种，以确保社区景观丰富多样。

● 社区废弃物处理（表征社区环境）

低碳社区建设应用固体废弃物无害化、减量化、资源化处理技术，建设垃圾真空收集系统，实现垃圾分类收集、资源循环利用和储运无损漏，提高垃圾回收再利用率。

● 社区能源利用（表征社区居民日常生活）

结合社区建设的实际情况，积极使用太阳能和地热能，提高可再生能源使用比例，全面使用建筑节能材料和设施，降低单位面积建筑年耗能。

● 社区水资源利用（表征社区居民日常生活）

社区建设使用节水管材及器具，统一雨水收集，建设中水回用和净水直供等系统，最大限度提高水循环利用效率，倡导节水生活方式，降低人均淡水消耗量。

- 社区低碳行动（表征社区居民日常生活）

低碳社区建设具有引导性，这就是引导社区居民节约、简约，倡导可持续的消费模式。

（4）指标层

根据各个主题的表征或子主题，确立具有较强集成能力的具体评价指标，用指标来表现主题。指标体系构建的基本思路如图 1－1 所示。

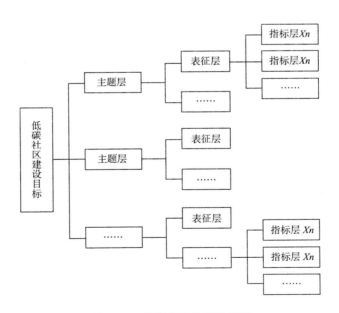

图 1－1　指标体系的构建框架

（四）指标体系的内容和解释

根据低碳社区指标体系构建的思路，提出指标体系的基本框架，共包含 20 个指标（见表 1-1）。

表 1-1　低碳社区指标体系

目标层	主体层	表征层	序号	指标层
社区低碳发展	社区居住	建筑	X_{01}	社区新建建筑节能达标率
			X_{02}	社区既有建筑节能改造率
			X_{03}	可再利用和可循环材料使用率
	社区出行	交通	X_{04}	社区私家车拥有率
			X_{05}	社区公交出行率
			X_{06}	推广使用自行车（定性）
			X_{07}	推广步行运动（定性）
	社区环境	土地利用	X_{08}	住宅容积率
		生态绿地	X_{09}	人均绿地面积
		废弃物处理	X_{10}	废弃物分类处置（定性）
			X_{11}	可回收垃圾再利用率
	日常生活	能源利用	X_{12}	LED节能灯改造比率
			X_{13}	太阳能热水器普及率
			X_{14}	太阳能照明普及率
			X_{15}	地热取暖入户率
			X_{16}	城镇燃气普及率
		水资源利用	X_{17}	节水器具的使用率
			X_{18}	中水回用率
		低碳行动	X_{19}	绿色消费（定性）
			X_{20}	科学健康饮食（定性）

对于各个指标，需要做以下说明。

X_{01}：社区新建建筑节能达标率

社区新建建筑节能达标率是指新建建筑符合国家建筑节能设计规范的建筑面积占总建筑面积比例。

X_{02}：社区既有建筑节能改造率

社区既有建筑节能改造率是指对不符合民用建筑节能强制性标准的既有建筑实施节能改造。

X_{03}：可再利用和可循环材料使用率

可再利用和可循环材料使用率是指可重复利用材料、可循环利用材料和再生材料在材料使用中的比率。

可再利用材料，指在不改变所回收物质形态的前提下，进行材料的直接再利用，或经过再组合、再修复后再利用的材料。

可循环材料，指对于已经无法进行再利用的产品，通过改变其物质形态，生产成另一种材料，使其加入物质的多次循环利用过程中的材料。

X_{04}：社区私家车拥有率

在经济迅猛的发展中，私家车拥有率也不断攀升，这是侧面反映居民低碳出行的重要指标。社区私家车拥有率越高，表示低碳出行率越小。

X_{05}：社区公交出行率

社区公交出行率是指居民通过乘坐公交车出行的次数占居民通过所有交通工具出行次数的比例。社区公交出行率越高，表示该社区出行方式越环保，越减少碳排放。

X_{06}：推广使用自行车（定性）

推广使用自行车，主要是定性地描述社区设有自行车停车区，提升社区居民使用环保交通工具的意愿。

X_{07}：推广步行运动（定性）

推广步行运动，主要是定性地描述：社区学生走路上学，增进家长互助，减少开车上学耗能；近距离步行上班。

X_{08}：住宅容积率

住宅容积率是指一个小区的总建筑面积与用地面积的比率，它等于总建筑面积/总用地面积。容积率越低，居民的舒适度越高，反之则舒适度越低。当建筑物层高超过 8 米，在计算容积率时该层建筑面积加倍计算。

对发展商来说，容积率决定地价成本在房屋价格中占的比例，而对住户来说，容积率直接涉及居住的舒适度。绿地率也是如此。绿地率较高，容积率较低，建筑密度一般也就较低，发展商可用于回收资金的面积就较少，而住户就较舒服。

X_{09}：人均绿地面积

人均绿地面积是指公共绿地与社区人口的比率。公共绿地是满足规定的日照要求、适合于安排游憩活动设施的、供居民共享的游憩绿地，应包括居住区公园、小游园和组团绿地及其他块状带状绿地等。

X_{10}：废弃物分类处置（定性）

废弃物分类处置，主要是定性地描述社区居民配合环卫部门严格执行垃圾分类管理措施，制订资源回收或调剂行动计划，开展废旧物件利用经验交流等。

X_{11}：可回收垃圾再利用率

可回收垃圾再利用率是指社区居民可回收的生活垃圾再利用率，以此来减少运输和处理的费用。

X_{12}：LED 节能灯改造比率

LED（light-emitting diode）是发光二极管，主要由支架、银胶、晶片、金线、环氧树脂五种物料组成。LED 是一种能够将电能转化为光能的半导体，它改变了白炽灯钨丝发光与节能灯三基色粉发光的原理，而采用电场发光。LED 寿命长、光效高、辐射低、功耗低，随着 LED 散热技术的改进，室外照明灯、投光灯等大功率 LED 灯具已开始被大量应用。LED 节能灯改造就是运用 LED 改变传统的照明和用能形式。

X_{13}：太阳能热水器普及率

太阳能热水器把太阳光能转化为热能，将水从低温加热到高温，以满足居民在生活、生产中的热水使用。太阳能热水器按结构形式分为真空管式太阳能热水器和平板式太阳能热水器，其中以真空管式太阳能热水器为主。真空管式家用太阳能热水器是由集热管、储水箱及支架等相关附件组成，把太阳能转换成热能主要依靠集热管。集热管利用热水上浮、冷水下沉的原理，使水产生微循环而产生所需热水。

2007 年，国家发展和改革委员会、建设部联合发出《关于加快太阳能热水系统推广应用工作的通知》（发改能源〔2007〕1031号），提出"有条件的医院、学校、饭店、游泳池、公共浴室等热水消耗大户，要优先采用太阳能集中热水系统；新建建筑在设计时，要预设安装太阳能热水系统的位置和管道等构件，尽可能安装太阳能热水系统；对于既有建筑，如具备条件也要支持安装太阳能热水系统；政府机构的建筑和政府投资建设的建筑要带头使用太阳能热水系统；在有条件的农村地区也要积极推广太阳能热水系统及太阳灶等其他经济实用的太阳能热利用技术，把推广应用太阳能热利用技术作为社会主义新农村建设的重要措施予以重视"。

X_{14}：太阳能照明普及率

太阳能照明是以太阳能为能源，通过太阳能电池实现光电转换，白天用蓄电池积蓄、贮存电能，晚上通过控制器对电光源供电，实现所需要的功能性照明。低碳社区建设要推广和普及太阳能照明。

X_{15}：地热取暖入户率

地热取暖是一种新兴的采暖方式，地热取暖采用电热水锅炉、燃气热水锅炉或燃油热水锅炉等热能设备，先将水加热，利用热水循环泵强制循环锅炉和环地板下盘管内的热水，间接加热地板，实现辐射取暖。地热辐射采暖与传统采暖方式相比，具有舒适、节能和环保等诸多特点。低碳社区建设在社区鼓励和推广地热取暖。

X_{16}：城镇燃气普及率

城镇燃煤是重要的污染源。据估计，燃煤造成的污染占烟尘排放的70%、二氧化硫排放的85%、氮氧化物排放的67%以及二氧化碳排放的80%。不仅如此，燃煤导致的大气污染已经成为影响中国公众健康的最主要危险因素之一。因此，低碳社区建设普及城镇燃气非常必要。

住房和城乡建设部发布的《全国城镇燃气发展"十二五"规划》提出，到"十二五"末，城市燃气普及率达到94%以上，县城及小城镇的燃气普及率达到65%以上。

X_{17}：节水器具的使用率

对住宅用户用水来说，节水器具可分为节水便器、节水龙头、废水回收装置和恒温混水阀。社区内使用节水器具的居民越多，表示节水节能率越高。

X_{18}：中水回用率

中水回用率是指经水处理后可回用的总水量与进入水处理总水量的比率。社区中水是指把排放的生活污水回收，经过处理后，达到规定的水质标准，可在一定范围内重复使用的非饮用水。

中水因对应给水、排水的内涵而得名，其水质介于"上水"（饮用的自来水）和"下水"（生活污水和工业废水）之间，故名"中水"。中水虽不可饮用，但水质比较清洁，主要可用于厕所冲洗、园林灌溉、道路保洁、洗车、城市喷泉、景观、冷却设备补充等。

X_{19}：绿色消费（定性）

绿色消费，就是低碳社区建设要树立绿色购物习惯，减少不必要的消费；购买有环保节能标志的产品，不购或少购过度包装和一次性商品。

X_{20}：科学健康饮食（定性）

科学健康饮食，就是低碳社区建设宣传健康饮食，选择有机食品，努力做到低脂、低盐、低糖、低碳饮食。

（五）指标体系的运用

在对低碳社区评价时，需要确定各个指标的权重。方法可以分为主观赋权法和客观赋权法两大类。其中，主观赋权法主要依据专家意见和经验，如专家打分法、层次分析法等，有主观偏好。客观赋权法根据一定的数学方法计算得出，如主成分分析法、均方差法、变异系数法等，计算相对客观，但也有其局限性。如变异系数法确定权重时，若某一指标取值差异越小，则计算出的权重系数也就越小，但并不能因此说明该指标不重要，还要结合实际情况最终确定。为尽量减少权重计算过程中的局限性，采用均方差权值法对城市低碳发展各评价指标进行赋权。采用专家打分法，主要是对低碳城市和低碳社区建设熟悉的专家，给各个指标赋予权重。A 为低碳社区，B 表示各个表征层。为了确定 B_i 的权重，构造表 1-2 的判断矩阵。

表 1-2　指标权重专家调查

A	B_1	B_2	B_3	B_4	B_5	……
B_1						
B_2						
B_3						
B_4						
B_5						
……						

其中，B_{ij} 是对目标层 A 而言，B_i 对 B_j 的相对重要性的数值表示，通常 B_{ij} 取 1，3，5，7，9。

$B_{ij} = 1$，表示 B_i 与 B_j 一样重要；

$B_{ij}=3$，表示 B_i 比 B_j 重要一点（稍微重要）；

$B_{ij}=5$，表示 B_i 比 B_j 重要（明显重要）；

$B_{ij}=7$，表示 B_i 比 B_j 重要得多（强烈重要）；

$B_{ij}=9$，表示 B_i 比 B_j 极端重要（绝对重要）。

它们之间的数 2，4，6，8 及各数的倒数具有相应的类似意义。

判断矩阵满足：$B_{ij} \cdot B_{ji}=1$，$B_{ii}=1$，仅需要对 15 个元素给出数值即可。

对于判断矩阵 B，计算满足 $BW=\lambda_{\max}W$ 的特征根与特征向量，式中 $\lambda_{\max}$ 为 B 的最大特征根，W 为对应于 $\lambda_{\max}$ 的正规化特征向量，W 的分量 W_i 即是相应因素单排序的权值。为了检验矩阵的一致性，需要计算它的一致性指标 CI，定义 $CI=\dfrac{\lambda_{\max}-n}{n-1}$。显然，当判断矩阵具有完全一致性时，$CI=0$。$\lambda_{\max}-n$ 越大，CI 越大，矩阵的一致性越差。为了检验判断矩阵是否具有满意的一致性，需要将 CI 与平均随机一致性指标 RI 进行比较。对于 1～9 阶矩阵，RI 分别如表 1-3 所示。

表 1-3 1～9 阶矩阵平均随机一致性指标

阶数	1	2	3	4	5	6	7	8	9
RI	0.00	0.00	0.58	0.90	1.12	1.24	1.32	1.41	1.45

对于 1 阶、2 阶判断矩阵，RI 只是形式上的，按照我们对判断矩阵所下的定义，1 阶、2 阶判断矩阵总是完全一致的。当阶数大于 2 时，判断矩阵的一致性指标 CI，与同阶平均随机一致性的指标 RI 之比称为判断矩阵的随机一致性比例，记为 CR，当 $CR = CI/RI < 0.10$ 时，判断矩阵具有满意的一致性，否则就需要对判断矩阵进行调整。具体的计算方法如下。

（1）假设：待评价的区域范围共包含 p 个区域单元，一级评价指标集合 U_i 中的第 j 个指标 U_{ij}（$i = 1，2，3，4，5，6$；$j = 1，2，\cdots，n$；$n = 1，2，3，5，6$）在第 s 个区域单元上的实测值（统计或调查数据）为

$$u_{ij}^{(s)} \quad (s = 1，2，\cdots，p)$$

记

$$u_{ij}^{(\max)} = \max_s u_{ij}^{(s)} \quad u_{ij}^{(\min)} = \min_s u_{ij}^{(s)}$$

如果 U_{ij} 是越大越优型的，令

$$\alpha_{ij}^{(s)} = \left[u_{ij}^{(s)} - u_{ij}^{(\min)} \right] / \left[u_{ij}^{(\max)} - u_{ij}^{(\min)} \right] \tag{1}$$

如果 U_{ij} 是越小越优型的，令

$$\alpha_{ij}^{(s)} = \left[u_{ij}^{(\max)} - u_{ij}^{(s)} \right] / \left[u_{ij}^{(\max)} - u_{ij}^{(\min)} \right] \tag{2}$$

显然，$\alpha_{ij}^{(s)}$ 就是对评价指标 U_{ij} 而言，第 s 个区域单元从属于"低

碳"的隶属度。这样，就可以得到如下隶属度矩阵。

$$A_i = \begin{vmatrix} \alpha_{i1}^{(1)} & \alpha_{i1}^{(2)} & \cdots & \alpha_{i1}^{(p)} \\ \alpha_{i2}^{(1)} & \alpha_{i2}^{(2)} & \cdots & \alpha_{i2}^{(p)} \\ \vdots & \vdots & \vdots & \vdots \\ \alpha_{in}^{(1)} & \alpha_{in}^{(2)} & \cdots & \alpha_{in}^{(p)} \end{vmatrix} \tag{3}$$

在一级评价指标集合 U_i 中，做如下变换

$$V_i = (v_i^{(1)}, v_i^{(2)}, \cdots, v_i^{(p)}) = W_i \cdot A_i \tag{4}$$

（4）式中，$W_i = (w_{i1}, w_{i2}, \cdots, w_{in})$，为 U_i 中各评价指标的权重分配；显然，$v_i^{(s)}(s = 1, 2, \cdots, p)$ 就是对第一评价指标集合 U_i 而言，第 s 个区域单元从属于"低碳"的隶属度。

令

$$A = \begin{vmatrix} V_1 \\ \vdots \\ V_6 \end{vmatrix} = \begin{vmatrix} v_1^{(1)} & \cdots & v_1^{(p)} \\ \vdots & \vdots & \vdots \\ v_6^{(1)} & \cdots & v_6^{(p)} \end{vmatrix} \tag{5}$$

在评价指标体系 U 中，做如下变换

$$V = (v^{(1)}, v^{(2)}, \cdots, v^{(p)}) = W \cdot A = (w_1, w_2, \cdots, w_6) \cdot A \tag{6}$$

（6）式中，$W = (w_1, w_2, \cdots, w_6)$，为各一级评价指标集合的权重分配；显然，$v^{(s)}(s = 1, 2, \cdots, p)$ 就是综合评价结果，即对整个评价

指标体系 U 而言，第 s 个区域单元从属于"低碳"的隶属度。将 $v^{(s)}$ $(s=1,2,\cdots,p)$ 从大到小排序，便得到待评价的低碳社区评价的优劣顺序。

在上述评价模型中，对于各级评价指标的权重分配（包括 W_i 和 W），一般先用 AHP 方法求得，然后再用信息熵对其进行修正。

（2）权重确定：利用指标权重专家调查表，以 AHP 为分析工具，计算得出。

（3）二级指标权重的确定：按照其对于相对应的一级指标同等重要的原则确定。

（4）对原始数据的标准化处理：由于各个指标代表不同的量，其度量单位往往不一样，数值大小也往往相差很大，各变量的作用也常难以比较，因此，为了克服这一点，常先对各基础值指标进行标准化变化。标准化公式为

$$X' = \frac{(x - \min) \times 100}{\max - \min}，当 X 为正向指标时$$

$$X' = \frac{(\max - x) \times 100}{\max - \min}，当 X 为逆向指标时$$

其中，max、min 为低碳社区相应指标的最大值和最小值。

通过标准化，就把原始数据标准化为介于 0 ~ 100 的无单位数值。

第四节　低碳社区典型案例

（一）荷兰的"太阳城"零碳社区

"太阳城"位于荷兰海尔许霍瓦德市，建在湖泊中的一个矩形小岛上，占地 1.2 平方千米，其中有住宅、店铺、学校、托儿所及医院等生活必需设施，因区内家家户户屋顶都铺满太阳能电池板而得名。目前，约 4000 名居民居住的 1500 套住房实现了二氧化碳零排放。这是世界上第一个二氧化碳零排放居住小区，备受瞩目。

居住区是边长为 720 米的正方形。据称，"采用这一距离，在一头喊话，另一头就能够听到"。这是以生活设施均在徒步可达范围内的"紧凑城市"思想为基础建成的。① 另外，还有占地 1.77 平方千米的绿地公园围绕"太阳城"，供居民休闲娱乐。"太阳城"拥有多种类型的住宅，各个街区都不同。究其缘由，一是通过使各个街区各具特色，让居住者更热爱自己所住的街区；二是为了实现富人、穷人、老人、年轻人、健康人和残疾人都能一起居住。这样，城市

---

① 《荷兰"太阳城"——从二氧化碳零排放迈向零耗能的花园城市》，21 世纪新能源网，http://www.ne21.com/news/show-31390.html。

建设才不单调。

当然，"太阳城"的零排放概念并非指没有任何二氧化碳排放，而是指二氧化碳净排放量为零，即用排放的二氧化碳减去因使用可再生能源而避免的排放量，最后的值为零。[①] 目前，小区的太阳能发电量达到 245 兆瓦，除了自用部分，还有 44% 的剩余输送到电网。[②] 此外，"太阳城"周边的 3 个风车，每个风车的发电量也在 2~3 兆瓦，且房屋设计有特殊的地热供暖系统，并采用大量节能建材。由于有太阳能电池板和特殊建筑设计及材料的辅助，"太阳城"的住宅能源消耗指标比欧盟建筑标准高两倍。这也使得社区建设得到了来自欧盟、省级的能源公司和市政款项的支持，业主只需支付房价的 10%，并且预计 7 年就会收回成本。

尽管这里一栋房子的造价高，但生活成本非常便宜。根据《国际先驱导报》的报道，"太阳城"居民有两个电表：太阳能电表和普通电表。清晨，太阳能电池板开始工作，直到晚上 7 点左右停止。这段时间居民使用任何电器都免费。此外，太阳能产生的多余电量还可存储进公共供电系统，年终可以由此得到一笔收入。

---

① 潘治、洪天牧：《荷兰建全球首个零碳小区，能源为太阳能》，《科技日报》2012 年 5 月 29 日。

② 文汇：《太阳城：荷兰零排放社区》，《冶金企业文化》2010 年第 3 期。

(二) 瑞典马尔默市"明日之城"

瑞典马尔默市曾是一个以造船业为主的重工业城市,机器轰鸣,烟囱林立,该市西港区是造船业和汽车制造业的聚集地,世界最大造船厂之一考库姆造船厂就坐落在这里。但是,随着制造业重心从西欧向东欧及亚洲转移,这里经济渐渐衰退,工业基础设施几乎完全被废弃,一度成为瑞典失业率最高的城市。[①]

1995 年,瑞典加入了欧盟,马尔默市成为距离欧盟市场最近的瑞典城市,许多物流和服务业开始向这里转移。是年,《联合国气候变化框架公约》签署。以此为契机,马尔默市开始摸索如何从重工业城市转向以物流、制药、生物、信息产业等为主的城市。

借着与其他欧洲城市竞争 2001 年"欧洲城市住宅博览会"举办权的机会,马尔默市提出要将废弃老码头改造成节约能源的生态友好型住宅新区的设想。改造项目"明日之城"应运而生,西港区成为生态环保城市建设的"大实验室"。在这次欧洲城市住宅博览会中,市政府对西港地区进行了规划、建筑、社区管理等方面可持续发展的尝试,采用边建设边展示的方式,第一期于 2005 年竣工,第二期于 2010

---

① 甘霖:《马尔默:工业重镇蝶变生态城市——专访马尔默市市长艾欧码·瑞派鲁》,《深圳特区报》2012 年 6 月 27 日。

年底竣工。最终，瑞典首个零排放住宅区"明日之城"诞生。

"明日之城"是世界最大的 100% 使用可再生能源的城市住宅区。电力主要来自利用风能发电的海上发电厂，供暖则主要靠太阳能电池板和热泵。鉴于水源充足但时有洪涝，小区建立了雨水导流明渠，缓冲与排泄过量的雨水。鉴于当地寒冷的气候条件，小区窗户和外墙使用的材料和厚度能很好地保暖，加上房顶绿化等措施，有效地减少了热量流失。另外，在每个公寓内都有一个厨房废物处理装置，收集有机废物。这些废物通过专用管道聚集到分解池，专门用于生产沼气。废物生产的沼气代替天然气，用于房屋供热、厨房做饭等。在停车场旁边建有垃圾分类处理厂，纸、金属包装物、塑料包装物、瓶子等可回收垃圾与不可回收垃圾分类处理，便于市政部门运走。目前，95.8% 的垃圾进行分类回收或转化成生物燃气，只有 4.2% 的垃圾需要填埋处理。在社区管理上，制定能耗标准，限制私家车使用频率，等等。

"明日之城"的成功，并不在于它所应用的再生能源技术，而在于它所展现的现代城市如何实现低耗能、低排放、宜居的生活方式。[1] 同时，它只是整个马尔默市城市生态转型的一个开始。艾欧码

---

① 王尔德、李宁远：《零碳城梦想：2030 年 100% 使用可再生能源》，《21 世纪经济报道》2011 年 2 月 22 日。

市长曾多次表示："把马尔默建设成世界上最具可持续发展的城市之一，从 2001 年到 2020 年，城市的能源需求将减少一半，并达到碳中和。到 2030 年，整个城市都将 100% 使用可再生能源。"为此，马尔默市对 20 世纪 60 ~ 70 年代的很多建筑进行改造。同时，鼓励住宅区和办公区距离不要太远，否则会增加交通负担，造成能源浪费和环境污染。为了鼓励绿色出行，修建了长达 230 千米的自行车道，已有 40% 的居民选择骑自行车出行。投入运营的公交车 50% 在使用生物燃料，且预计在 2016 年左右都使用生物燃料或清洁电力。

2009 年，马尔默市荣获联合国宜居城市奖；2010 年，它成为上海世博会选定的从工业城市转变为生态效益城市的世界最佳案例之一。

（三）美国波特兰的"智慧出行"

波特兰市位于美国的俄勒冈州，常被赞誉为设计良好的城市的典范。早在 1979 年，波特兰市就划定了一个城市发展边界来保护农业田地。这与当时热衷于在州际高速公路边上、郊区和卫星城镇里建立新的居民区的理念形成鲜明的对比。正因如此，波特兰市的城市建设非常紧凑，与其他类似大城市相比，公共交通的效率高，一定程度上降低了私人交通的需求，为低碳交通建设提供了有利条件。

在推行低碳交通上，波特兰市构建了以步行和骑自行车为主、乘公交车为辅的绿色出行结构以降低小汽车的使用率。从2003年起，波特兰市开展了"智慧出行"项目，旨在推广可替代小汽车的绿色交通方式。该项目包括针对日常出行的绿色游线和针对通勤出行的绿色通勤两个子项目。针对绿色游线子项目，波特兰市在市区划定的慢行区域内规划了5条各具特色的步行线路，每条线路2~3英里，串联市区主要城市公园、景点、商业区和社区服务中心，步行时间从45分钟至2小时不等，同时为每户发放免费的线路图。绿色通勤子项目主要是针对上下班通勤，通过经济激励鼓励雇主加入。譬如，在工作地附近安装自行车停放架；对于倡导员工绿色通勤的企业，政府提供减税奖励；为员工发放停车点地图以及步行、自行车线路图；商店为顾客免费提供步行和自行车线路图。合理规划，匹配适当的经济激励、免费便捷的信息服务及停车站等配套措施，使得步行、骑车等出行方式很快被居民所接受。目前，有8%的波特兰人经常骑车上下班，希望在未来能够达到25%的人骑车上班的目标。

为此，波特兰市还通过一系列的步行和骑行活动让市民体验到便捷、安全、方便和富于乐趣的慢行出行，减少对小汽车的依赖。譬如，每年的自行车狂欢节在17天的时间里会举办270项活动，通过丰富多彩的体验式教育，使绿色出行深入人心。

2003年后，波特兰市机动车出行量逐年减少，人均年乘坐公共交通系数在全美各大都市统计区中位列第五，而利用自行车通勤的人数比例在全美各大都市统计区中位列第二。① 由于比其他美国人平均每天少开 4 英里的车，波特兰市每年可节约油气开支大约 24 亿美元。② 另外，波特兰市居民驾驶的混合动力汽车的数量在北美城市中高居榜首，全市共安装了 2000 个电动汽车充电站。

相比于大规模的公共交通系统建设项目，"智慧出行"项目更像是一种对城市绿色出行方式的营销。它依托于居民低碳意识对政府行动的积极响应，贵在公众参与，但重要的是，为居民提供可行和高效的替代方案，这才是促使居民选择绿色出行的关键。

（四）北京的生态能源建筑示范楼

生态能源建筑示范楼，简称 EEDB（environmental efficient demonstration building），是由我国科技部与美国能源部等部门、高等学校、研究机构合作设计建造的示范工程。该楼概念设计的目标包括：使其冷热负荷降到普通楼房的 1/6；总用电负荷为普通楼房的 1/3；采用主动式和被动式太阳能取暖相结合的方式；完全取消燃煤采暖，使用绿色建材。这幢建筑的设计对建材、门窗、管道、照明节能光源、取

---

① 胡垚、吕斌：《大都市低碳交通策略的国际案例比较分析》，《国际城市规划》2012 年第 5 期。

② 黄杰夫：《波特兰低碳之道贵在民众参与》，《西部时报》2011 年 2 月 15 日。

暖方式、太阳能集热器、综合布线系统、设备自控系统、水的净化系统、室内外空气净化等方面都讨论得详细，有利于落实。

（1）建材。原则上选用绿色建材，采用高性能混凝土框架结构。外墙采用外保温，一般内墙选择石膏板，可调湿、隔热、保温，且能重复使用，不污染环境。但石膏板不耐水，所以厕所、厨房用硅藻土或泡沫玻璃砖等耐水材料。外墙外保温用水泥泡沫聚苯珍珠岩混凝土、岩棉板等粘贴，保温效果可以提高10倍，甚至更高。屋面则用抗裂、隔热保温混凝土等。

（2）门窗。采用塑钢或钢质复合保温窗，用LOW-E中空玻璃，透光率可达80%，又能把90%以上的长波与红外线反射回室内，保温性能比传统窗提高5~8倍（见图1-2）。

（3）管道。供水管用复合水管，便道下铺设无砂大孔透水混凝土管道，便道铺设透水混凝土地砖，收集雨水作为其他生活用水使用。

（4）照明。日光照明采用光设备将日光直接导入室内。目前设备的光学传输效率为20%~50%，比太阳能电池发电照明的效率高10~20倍。日光照射装置只要设计合理，不需采用昂贵的材料，成本比太阳能电池低得多。在门厅走廊对显色性要求不高的场所，使用FDSBE67紧凑型荧光灯，每瓦产生的光通量是普通白炽灯的3~4倍以上，寿命是白炽灯的10倍。在显色性要求不高的室内侧，用带

图1－2　节能楼窗户有上方打开和侧方打开两种方式

资料来源：姚娜提供。

石英玻壳的卤钨灯。在大面积的会议室、办公室和会客室，则选用
36WT8 直管荧光灯，在与 40W 的 T12 荧光灯耗电相同的情况下，光
输出提高 10%。

（5）温度调节。温控采用被动与主动相结合方式，房间的冷
热负荷设计为普通房间的 1/6 ~ 1/5。办公室以被动温度控制为主，
科技报告厅则以主动控制为主。房间冬季的设计平均温度为 16℃，
夏季为 21℃。采用"太阳能热水器－电动热泵复合供暖、制冷、
热水机组"，为传统主动式供暖技术造价的 1/4 ~ 1/3，可使电热

泵、供热电耗降低 1/3。科技报告厅仍采用上述机组,被动控制技术仅提供冬季 4 个月平均温度为 11℃,夏季 4 个月平均温度为 28℃ 的温度条件。

(6)综合布线与楼宇自控制系统:采用美国 AT&T 的 SYSTI-MAX LAN 线缆系统,可以综合语音、数据及采暖、空调自控等布线系统,能与现存的语音、数据系统一起工作。当前中央空调系统占整个大楼能耗的 50% 以上,而楼宇自控系统可节能 25%,节省人力 30%。

(7)水、气处理和净化:采用臭氧消毒器,对办公用水进行消毒处理。采用污水分类方法,将产生的污水用来冲厕。采取的空气净化措施有:将室内空调新风增加到总风量的 15%;白天采用日光照明,利用紫外线对室内空气消毒;在南面加装由 TMV 组成的风道,夏季利用热虹吸原理来驱动室内自然通风。以此使设计的建筑物形状有利通风。

(五)云南曲靖市麒麟区太阳能利用

云南省曲靖市麒麟区是国家可持续发展实验区,这里属北亚热带和温带混合型高原季风气候,年平均气温 14.5℃,年平均水平面太阳辐射总量 434 MJ/m²,全年日平均峰值日照小时数约 4.78 小时。丰富的太阳辐射能资源比较适合太阳能光伏发电公共照明系统的推

图 1 - 3　节能楼屋顶花园一角

资料来源：姚娜提供。

广利用。同时，麒麟区在实验区建设过程中，立足实际，以太阳能热泵、太阳能集中供热、太阳能与建筑一体化、太阳能路灯、太阳能与沼气建设一体化为突破口，初步探索出了一条切合麒麟实际的可持续发展路子。

　　近年来，麒麟区重点组织实施"绿色光亮示范工程"——太阳能路灯项目及农村适用型太阳能热水项目。以绿色能源太阳能为基础，依托成熟的光伏科学技术，利用硅太阳能电池发电、蓄电池蓄电及 LED 路灯照明，形成一套完整的太阳能照明系统。在全区下辖的 100 个村委会、社区单位示范安装 1500 套太阳能路灯照明系统，每个示范点安装 15 套太阳能路灯，同时，加大太阳能热水器的推广利用力度，太阳能热水器普及率城镇达 98%（约为 13.72 万台），农村达 30%（约为 3 万台）。据统计，与传统路灯相比，每盏太阳能路灯每年可节约 0.5tce（吨标准煤），减排二氧化碳 1.2 吨、二氧化硫 0.012 吨；按每台太阳能热水器受热面积 2 平方米，每平方米太阳能热水器每年可节约 0.15tce 计算，一台太阳能热水器一年可节约 0.3tce，减排二氧化碳 0.72 吨、二氧化硫 0.007 吨。整个项目实施后，每年可节约 50910tce，减排二氧化碳 122184 吨、二氧化硫 1188.4 吨。其中，太阳能路灯每年可节约用电 1825 万 kW·h，节约电费 1277.5 万元。同时，可广泛带动市政工程、房地产开发住宅园区及新农村道路建设的太阳能路灯、庭院灯和草坪灯等的推广利用。

麒麟区还大力鼓励和支持太阳能等新能源产业发展，加快新能源技术的研发和产业化进程，从事光伏、光热等可再生能源技术研发和产品生产的高新技术企业——云南中建博能工程技术有限公司在曲靖经济技术开发区建设的年产 1 万套烟叶烘烤高效节能自动控制成套设备产业化项目及科技办公楼，其综合运用太阳能发电与风力发电、热泵系统供暖制冷、雨水收集和中水利用、光热和沼气回收利用、新型墙体保温材料、光伏发电等节能、节水、节材环保技术，基本实现了办公和生活零耗能、零排放。①

图 1 - 4 麒麟实验区太阳能广泛使用

资料来源：云南曲靖麒麟国家可持续发展实验区办公室提供。

（六）河北保定的"太阳能之城"

作为建设低碳城市的重点内容之一，保定于 2007 年提出 3 年建设"太阳能之城"的目标：通过在全市范围内引导、推广应用太阳能产品，力争到 2010 年实现节电 4.3 亿 kW·h 目标，减排二氧化碳

---

① 何革华、刘学敏：《国家可持续发展实验区建设管理与改革创新》，社会科学文献出版社，2012，第 150~151 页。

42.8 万吨。

新能源产业的迅速发展、新能源综合应用、节能减排措施的有效实施，为保定市建设低碳城市奠定了坚实的基础。它一方面积极开展节能减排，实施"蓝天行动""碧水计划"和"绿萌行动"；另一方面大力发展新能源产业，推动新能源技术的创新与应用。

在此基础上，保定市还从城市生态环境建设、低碳社区建设、低碳化城市交通体系建设等方面入手，创新、完善低碳管理，促进低碳规划的有效实施。

保定"太阳能之城"建设的做法主要有以下几点。

（1）明确目标，强化组织。2007 年，保定市政府颁布了《关于建设保定"太阳能之城"的实施意见》，提出力争用 3 年左右时间，在全市生产、生活等各个领域基本实现太阳能的综合应用，覆盖城市、村庄和居民家庭等各个层面。

（2）政策引导，规范发展。为推进"太阳能之城"建设，保定市建设局下发了《关于推广应用太阳能热水系统与建筑一体化技术的通知》《关于在建筑领域推广应用太阳能光伏 LED 照明技术的通知》等文件，要求新建公共建筑、住宅小区的庭院照明、住宅楼梯间照明要全部采用太阳能光伏 LED 灯、节能灯和太阳能热水系统，做到统一规划、同步设计、同步施工，与建筑工程同时投入使用；实行太阳能应用设计备案、专项验收制，确保太阳能应用规范发展。

（3）挖掘潜在空间，改造既有小区。按照市政府的要求，积极开展既有居住小区太阳能改造工作。截至 2007 年底，保定财智中心等 46 个小区和单位应用安装了太阳能集中热水系统，可实现年节煤 2700tce，年减少二氧化硫、二氧化碳、粉尘等 1836 吨；世家花园、方清园等 38 个小区进行了太阳能庭院照明改造，安装了 1200 多盏庭院灯，可实现年节电约 50 万 kW·h，年节煤约 195 吨，年减少二氧化硫、二氧化碳、粉尘等约 60 吨。取得了良好的节能效果。

（4）广泛宣传和培训，理念先行。为营造"太阳能之城"舆论氛围，通过中央电视台、河北电视台、保定电视台以及《中国建设报》《中国房产报》《河北日报》《保定日报》《建设科技》等报纸和杂志，对推广应用太阳能工作进行了大量的宣传报道；还通过"节能宣传周""法制宣传周"及大型咨询活动等形式，充分展示了太阳能产品、应用技术和示范工程，使"太阳能之城"建设深入人心，形成了"政府推动、舆论鼓动、群众主动、社会各界助动"的局面。

（5）组织科研，发展龙头企业，培育产业基地。为建成新能源产业发展和应用的领军城市，保定一方面配合企业与清华大学等高校进行太阳能新产品、新技术的研发；另一方面积极组织有关单位开展"光伏、光热及地源热泵在住宅中的应用"等科研项目，研究内容包括光伏技术用于楼梯间、入口处及庭院照明，太阳能热水器与建筑设计一体化。

（七）上海的"沪上生态家"

作为上海的生态示范建筑楼，"沪上生态家"遵循"天和——节能减排、环境共生，地和——因地制宜、本土特色，人和——以人为本、健康舒适，乐活——健康可持续价值观"的主题，关注节能环保，倡导乐活人生。项目运用70%的既有成熟技术和30%的未来前瞻技术示范来体现生态建筑的技术亮点，主要包括：太阳能一体化建筑技术、天然采光和LED照明技术、雨污水综合利用技术、自然通风技术、浅层地热利用技术、夏热冬冷地区节能体系、热湿独立空调系统、智能集成管理等。

"沪上生态家"按照国家三星级绿色建筑设计标准设计，其建筑综合节能水平超过60%，其中住宅部分节能70%。在全部30个技术专项中，节能减排专项占了1/3。"沪上生态家"的可再生能源利用率为50%，非传统水源利用率为60%，固体废料再生的墙体材料使用率为100%，每平方米每年耗电35kW·h。

光伏发电系统、屋顶静音风力发电系统、阳台一体化太阳能热水系统，都是深谙可再生能源利用之道的节能高手。三世同堂的住宅单元，配备有功率为1kW的燃料电池家庭能源中心，烧好的水先后用于发电、空调和热水供应，可谓"物尽其用"。利用纳米技术的材料刷出来的"会呼吸的墙"，具有储能作用，能自动调节室内温度和湿度。"沪上生态家"通过收集电梯下降时的势能，使电梯能量的回收达到30%，电梯耗电量可以从电梯内屏幕上即时了解。

（八）深圳的"振业城"

深圳的"振业城"是唯一在设计阶段就通过3A认证预审的绿色社区，其规划设计做到了与原有的自然地形相结合。由于整个项目是独院住宅，每一户都有天有地，所以节能从房顶到侧墙、到窗，都必须考虑周全。东、南、西面的窗户全部采用LOW-E玻璃，并配合百叶遮阳构件，加强保温隔热。屋顶则采用3厘米的挤塑板，这是一种比聚苯板密度更大的保温隔热材料。整个维护结构全部采用19厘米厚的加气混凝土砌块，在减轻建筑物自身重量的同时，起到保温作用，降低能耗。

（1）自然通风模拟，减少空调能耗。夏热冬暖地区的节能主要靠通风，通风效果好，空调使用率就会相对减少。"振业城"委托深圳建筑科学研究院进行了自然通风模拟，分为两个层次：在总体布局方面，以深圳的自然风特征为依据进行模拟，分析每栋建筑的风环境及其相关影响，目的是使每栋建筑都有良好的自然条件；在单独户型方面，则针对每种户型及其所在的自然条件模拟室内的通风情况，目的是让每户每间房屋都有良好的自然通风。以此项试验为基础,"振业城"在窗和门的位置设计上可以实现最合理的布局,以最大限度地发挥"穿堂风"的作用。为了加强通风效果,在室内还设计了一个中庭花园,上方的屋顶是露天的,可以起到类似于天井的作用。"振业城"一期已经达到节能50%的要求,加上太阳能的利用,可以达到节能60%的要求。

(2)大规模应用太阳能。"振业城"是华南第一个大规模应用太阳能技术的社区,一期工程共采用470多套太阳能热水器,平均每套投资约为8000元,集热面积有6平方米和4平方米两种规格,水箱为400升。整个太阳能中央热水系统采用的是联集式全玻璃真空式太阳能集热器,并采用温差运行方式。同时,这些太阳能热水器还设置了电辅助加热设施,即使在阴雨天也可正常使用。小区内采用太阳能草地灯和路灯,与普通灯具交替使用,起到辅助照明的作用。

(3)天然雨水收集系统与人工湖连接。"振业城"的建筑都在房顶屋檐处设置了雨水收集系统,用来收集从屋顶落下的雨水,再通过管道导入整个社区的水系统。通过雨水收集系统可以为人工湖区补充净水。社区草坪绿地的雨水也可以通过收集系统汇总后,再过滤使用,但行车道路、广场等公共场所和交通场所的雨水,因污染严重则不收集。

(4)生态人工湿地系统。在生态环保方面,"振业城"利用地形的自然洼地，建造了 14000 多平方米的人工湖，形成生态人工湿地。湖区最深的地方有 7 米，水深可以提供低温环境，减少湖底水生藻类植物的生长。小区内有小溪环绕，并种植水生植物群落，构成了小区景观中心，并由此延伸小区水系，进入小区各个组团的内部。水流动可以增氧，天然水草可过滤排除多种污染（包括重金属污染）等，减少氮磷肥料进入湖水，使整个湖水达到生态自洁进化的作用。人工湖的湖面水高可以根据旱季和涝季而调整，允许有 1 米高的水差，不会影响到景观效果。同时，还加强了对放射性污染的控制，在建设过程中严格探测改良土壤放射性含量，控制混凝土的放射性含量，控制外装饰和内装饰材料，并且增加遮阴植被，减少深色屋顶和裸露地面，从而降低吸热面，减小居住区热岛效应。

（九）北京"国奥村"

作为"阿波罗节能减排桂冠与城市建设桂冠案例工程"的得主，第 29 届奥运会运动员村——"国奥村"成为中国建筑生态环保的里程碑。

"国奥村"在节能减排方面落实了多个项目，如再生水热泵冷热源系统、集中式太阳能生活热水系统、光电板、导光管照明、节水设施和雨水采集设施等。同时，使用钢渣铺设施工道路，使用沉降水喷雾降尘，使用透水砖，等等，都最大限度地达到了节能环保的目的。北京奥运会召开期间，"国奥村"的可再生能源利用设备系统，从太阳和再生水中获取789万kW·h的能量，按燃煤发电计算，可节约3077tce，相当于减排8000吨的二氧化碳。奥运会后，可再生能源利用系统，每年可以从太阳和再生水中获取6700万kW·h的能量，按燃煤发电计算，可节约2.6万tce，相当于减排6.7万吨的二氧化碳。

"国奥村"的供暖和制冷则采用了再生水源热泵系统用热交换的方式，从清河污水处理厂排入河道的再生水中提取能量后，重新将水注入河道，不改变水质，不消耗水量。冬季采暖从再生水中提取能量折合标煤约3000吨，占采暖总能耗的82%，比燃煤采暖可就地减排7200吨的二氧化碳、123吨的二氧化硫和氮氧化物、4吨的一氧化碳、33吨的粉尘。另外，"国奥村"夏季制冷要比普通分体空调节电40%以上，还可消除热岛效应。

太阳能集热管被水平安装在"国奥村"楼宇的屋顶，成为花架构件的组成部分，与屋顶花园浑然一体。6000平方米的太阳能热水系统，在北京奥运会召开期间，为17200名运动员和工作人员提供了洗浴热水；奥运会后，这套系统将满足居住区近2000户居民的生活热水需求。不仅如此，"国奥村"的太阳能热水系统对集热传热、换热升温、储热杀菌、热源备份、保温保量、余热利用、自动控制等环节进行了综合考虑，系统采用间接循环换热的方式，具有系统独立、出水温度稳定、保障性能好等优点，年节电约 500 万 kW·h。

"国奥村"的微能耗幼儿园，应用了 22 项先进技术。其中，冬季储冰技术是一大亮点。这项技术运用了物态变化传输热量的冷管技术原理，在地面上的金属管内装入液氨（标准大气压下沸点为 -70℃），并连接到地下水池。冬季低温使金属管内的气态液氨冷凝成液态，下降流入地下水池，带入低温冷量，同时管中的液氨在地下水池里受到温热，蒸发成气态上升，带走热量。液氨在液态与气态之间循环转换，将水里的热量带出，将空气里的冷量带入，使地下水池里的水逐渐冻成冰，储存了冷量。夏季通过换热器取出冷量，用于空调。"国奥村"的微能耗幼儿园，经计算蓄冷负荷贡献率超过 22.7%，整个空调季约可节省能源 16000kW·h。

第二章　低碳社区关键技术

　　技术是人类在认识自然和"创造性地适应自然"的反复实践中积累起来的经验和知识。英国科学家弗朗西斯·培根在 17 世纪初就最早提出技术是生产力的要素，是社会进步的动力，并且提出了"知识就是力量"的口号。技术进步是指新知识创造、新技术发明在社会生产中得到推广运用，并产生物质财富增值，从而不断提高社会经济效益的全部过程。技术进步使工艺、产品质量提高，产品的花色品种不断增加，丰富了人们的生活内容，改善了消费质量和消费结构，有利于提高劳动者的积极性。技术进步改变了人们的文化观念、工作方式、生活方式、组织形式和管理方式，使人们的思想观念现代化，给经济增长的内容创造了新的社会形式。

第一节 低碳社区关键技术领域

低碳社区的建设也离不开技术进步，离开了支撑低碳社区建设的关键技术，所建设的低碳社区就可能是徒具形式而没有内容，有"形"而无"神"。具体而言，低碳社区建设的关键技术的领域主要涉及以下内容。

首先是建筑领域，即社区居民的"住"。低碳建筑是指在建筑材料与设备制造、施工建造和建筑物使用的整个生命周期内，减少化石能源的使用，提高能效，降低二氧化碳排放量。据统计，建筑在二氧化碳排放总量中，几乎占到了50%，这一比例远远高于运输业和工业领域。建筑能耗占社会总能耗的30%～35%，建筑采暖、空调、降温、电气、照明、炊事、热水供应等消费了大量的能源，是高碳排放的重点领域。降低建筑能耗的新技术主要包括建筑墙体的节能保温技术、建筑物的采暖空调节能技术、建筑物内部的照明节能技术等。除了在民用住宅中开发应用节能技术、提高低碳效果以外，大型公共建筑更应成为低碳的重点对象。

其次是交通运输领域，即社区居民的"行"。一般包括交通运输业排放的二氧化碳占总排放量的10%左右，是温室气体排放的重要领域，也是造成环境污染的重要因素。2012年1月上旬，在中国东部地区出现大范围雾霾天气。从东北到西北，从华北到中部，乃至黄淮、江南地区，都出现了大范围的重度和严重污染。北京是其中最典型和严重的地区。环保部门的数据显示，PM2.5浓度达700微克/立方米以上。雾是"天然"，霾是"人工"。对北京来说，PM2.5主要来自工业污染、燃煤和汽车排放，汽车尾气是主要的污染物。近年来城市的汽车越来越多，排放的汽车尾气成为雾霾的一个因素。交通运输业实现低碳需要一系列的技术革新，如低排放汽车的内燃机节油技术、新型燃料的开发利用技术、汽车尾气净化技术等。同时，需要应用运筹学和系统论等技术方法，以及智能交通等技术手段，实现对人流和物流的科学合理的调度和管理，有效减少整个交通系统的碳排放。

再次是日常消费领域，即社区居民的"食"和"用"。改革开放以来，中国居民收入水平不断提高，2011年，全国农村居民人均纯收入6977元，城镇居民人均总收入23979元，城乡居民家庭恩格尔系数分别为36.3%和40.4%。恩格尔系数总体下降的格局没有改变，但降幅在逐步缩小。对"食"而言，按照恩格尔规律，家庭食物支出在家庭总支出中所占比例随着该家庭的收入水平的提高而下降。但是，比例的下降伴随着绝对数量的增加，食物支出的绝对数量仍然快速增长。而在这其中，食品生产与消费中的损耗与浪费普遍存在。事实上，浪费食物就是对土地、水资源、肥料和劳动力的浪费，而垃圾填埋场的腐烂食品和食品运输排放大量温室气体。据联合国粮农组织称，全球每年约有 1/3 的食物在生产与消费过程中遭浪费或损耗，总价值约 1 万亿美元。[①] 在发展中国家，95% 的食物损失与浪费发生在农作物收获阶段，这些国家因缺乏资金、管理和技术，以及完备的基础设施和市场体系，所以造成食品的损失和浪费。在发达国家，食物浪费集中于食品销售和消费阶段，主要是由于消费者过度购买、不正确的储存和随意丢弃仍可食用的食物。在日常消费中也需要技术革新，在包装、存储、加工等方面，使对食物的浪费降低到最小限度。对"用"而言，随着人们收入水平的不断提高，其支出占收入水平的比重在不断提高，而且范围在不断拓展。在居民的日常生活中，购物、家电、奢侈品、出行、娱乐、享受等都可以通过观念更新和一定的技术支持有效降低碳排放。

最后是社区垃圾回收领域。在社区消费活动的输出端的是垃圾的排放。在通常情况下，社区垃圾主要包括：一是可回收垃圾，主要包括废纸、塑料、玻璃、金属、布料五大类。废纸主要包括报刊、图书、各种包装纸、办公用纸、广告纸、纸盒等。玻璃主要包括各种玻璃瓶、碎玻璃片、镜子、灯泡、暖瓶等。金属物主要包括易拉

---

① 《联合国机构发起反对浪费食物行动》，新华网，http：//news. xinhuanet. com/gongyi/2013 – 01/23/c_ 124267525. htm。

罐、罐头盒、牙膏皮等。布料主要包括废弃衣服、桌布、洗脸巾、书包、鞋等。二是厨余垃圾，包括剩菜剩饭、骨头、菜根菜叶、果皮等食品类废物。三是有害垃圾，包括废电池、废日光灯管、废水银温度计、过期药品等。四是其他垃圾，包括除上述几类垃圾之外的砖瓦陶瓷、渣土、卫生间废纸、纸巾等难以回收的废弃物。社区垃圾处理关键技术包括综合处理回收利用技术、厨余垃圾就地处理堆肥生物技术、有害垃圾特殊安全处理技术、卫生填埋技术等。此外，基于循环经济的理念，在有条件的社区内，还可以通过一些关键技术支持社区活动的代谢和共生关系，形成一个或多个循环链条，使社区内排放出的垃圾量最小化，形成真正的低碳社区。

第二节　社区清洁能源和可再生能源

（一）新型变速风力发电机系统

离网运行小容量开关磁阻变速风力发电机系统具有广阔的产业化前景，可为电网难以延伸的地方提供电力服务，如海岛、偏远地区，将惠及我国普通民众，特别是为贫困、偏远地区送去光明。

该项目技术成果已在江苏省内四家单位应用，开发了 1kW、2kW、500W、300W 开关磁阻变速风力发电机系统产品，向一家企业提供了该项目专利实施许可和技术开发服务，已累计产生经济效益 3507.1 万元。

（二）风电准并网自备电厂和风电准并网分布电站

该项目适用于钢铁、铝等冶炼和化工企业规模制造企业、油田风能准并网抽油机、新能源分布式变电站、有风地区的家庭用电。该技术原理先进，系统成熟可靠，具有推广价值。该技术已经申请两个发明专利和一个实用新型，其中实用新型已经授权。

"南京高新风能准并网电站"风力发电机功率 10kW、逆变器功率 10kW、负载功率 25kW。系统运行结果表明：无风时负载的电能全部由网电提供；当风机启动并进入发电时，虽然网电实时减少电能，但负载侧电能依然稳定；风机稳定输出，当负载减小时，网电相应减小电能；当风速快速波动时，网电实时与其对应变化补偿，确保负载侧电能稳定；风机稳定输出，当负载减小时，负载剩余电量可以并网发电；节假日无负载，风机电量全部并网。

（三）中小型高指标风力发电机

该产品是一种更适合低风速地区的高效能、高可靠的风力发电机装置，适用于年平均风速不低于 4m/s 的地区向电网并网发电或者离网应用。大型风力机组由于安装地选址要求高、资金投入大、电网调配有限制，所以大型机在普通地区的适用性受到限制。该项目中小型风力发电机组，功率规格为 10kW、60kW 和 200kW，机器安装地不受限制，具有非常良好的适用性。

10kW 机型已经产品化，目前 10kW 机型在 WIPO 已经开始小批量生产，60kW 机型在设计完善中，10kW 机型已经销往德国、法国、意大利、加拿大、哥伦比亚、印度等国家和地区，深受经销商欢迎。

（四）风能海水淡化装置研发及其网箱养殖区示范工程

该成果可适用于缺电缺水的海湾网箱养殖区和缺水少电的边远海岛。该成果利用风能非并网发电，为反渗透海水淡化装置提供动力来源，制造出符合国家生活饮用水卫生标准的淡化水，解决网箱养殖区渔民和边远海岛居民日常生活用水之需。

该成果为集成创新，利用成熟的风力发电和反渗透淡化技术，在缺电缺水的海湾网箱养殖区进行技术集成创新，生产出符合国家生活饮用水卫生标准的淡化水。目前已在不同的海区和海岛分别示范了 5 台（套），其规格系列为日产 1 吨、2 吨和 10 吨淡化水。

（五）生物柴油副产物甘油连续制氢新技术

该成果适用于生物柴油及先进可再生制氢技术范围。该成果针对能源、资源的重大需求，重点突破国际吸附强化重整制氢应用技术"瓶颈",构筑了生物柴油副产物甘油连续催化吸附强化重整制氢新技术体系,原料不仅可采用复杂生物质原料,对天然气、甲烷等具更好的适用性,也是廉价制氢工艺技术的重大创新。新技术成果不仅为大规模生物柴油制造提供保障,也着重研究开发生物质废弃物高效选择转化制氢新途径与新原理。

(六) 生物柴油绿色高效转化技术

该技术可将脂肪酸甘油酯、脂肪酸通过超临界甲醇反应,制备脂肪酸甲酯(即生物柴油),过程高效,且不使用催化剂,不会产生由于处理催化剂废水所引起的"二次污染"问题。原料适应面宽,如油脂精炼工业副产品、废弃油脂、微藻油脂、植物油毛油以及各级精炼产品。

1998 年与武汉凯迪精细化工公司开始合作,实现了利用超临界流体技术,以油脂工业副产物为原料规模化制备生物柴油以及油溶性功能成分。年原料处理量 750 吨,生物柴油的销售收入可以抵消整个生产过程中的设备运行、人工成本;多联产高附加值油溶性功能成分(生育酚、甾醇等)的销售收入为净利润。

(七) 填埋气制液化天然气技术

该成果适用于国内外生活垃圾填埋场的填埋气收集处理利用系

统，是国内首例以垃圾填埋气为原料，制取液化天然气等清洁燃料的填埋气资源化技术。制取的清洁燃料可以作为发动机燃料或民用炊事燃料，提出了以垃圾填埋气为原料制液化天然气、压缩天然气、甲醇、二甲醚等清洁燃料的完整的技术路线。

2010 年 3 月，项目完成单位在北京市安定垃圾卫生填埋场已建成一座处理规模 700Nm^3/h 的填埋气制液化天然气示范工程，经过一年多稳定运行，表明所选工艺技术可行，各项工艺参数与产品指标符合设计要求，系统运行稳定、可靠，经济性较好，示范工程通过了竣工验收。填埋气收集专利技术和专利设备已被广泛应用于北京、辽宁、广东等地，近三年累计取得收入 3738.69 万元，实现利润 1004.78 万元。

（八）SMC 密度复合材料沼气池

该产品的主要功能是进行禽畜粪便分解处理，将其转化为清洁能源和高效有机肥，实现资源的多元化利用。该产品具有自动出料、操作方便、气密性好、产气率高、使用寿命长等优点。该产品可用于 6 ~ 10 立方米户用沼气池及 100 ~ 2000 立方米不同型号规格大型沼气池，可满足不同规模的养殖场、农厂、学校、工厂、城镇社区等每家每户或集体使用，是社会主义新农村建设中废弃资源再生利用、改善农村生产、生活环境的理想产品。

该产品已形成规模化生产，年生产能力达到 10 万台（套），已在河北、湖北、新疆、内蒙古、四川、贵州、辽宁等 9 个省市安装使用，得到用户普遍认可。到目前已安装 69000 台（套），实现销售收入 15870 万元、利润 1746 万元、税金 1269.6 万元。

（九）水源热泵

该成果被广泛应用于新农村社区、宾馆、商场、办公楼、学校、住宅等建筑，也适合于小型别墅住宅的采暖、空调、卫生热水等领域。大力发展热泵技术将有效促进节能减排，无论是建筑物供热供冷，还是工业余热利用，在合适的条件下，热泵技术可以获得理想的节能效果，并推进可再生能源的利用。

桓台县果里镇后埠村新农村建设住宅楼工程，一期建筑面积为40000 平方米，二期建筑面积为 58000 平方米，采用热泵系统每采暖期节约能源 1651tce，并减少了二氧化碳及二氧化硫的污染物排放。

（十）大规模原生污水源热泵系统集成技术

该技术直接用未经任何处理的污水干渠中原生污水作为水源热泵系统低温冷热源，冬季制热，夏季制冷，非常适合应用于城市繁华区域建筑面积在 10 万平方米以上的大中型城市综合体，解决了地下水不足和空地面积小的问题，打破了水源热泵发展瓶颈。另外，该项目产品可以取代中央空调制冷机的冷却塔，不仅消除冷却塔带来的环境污染问题，而且能节约更加宝贵的占地空间。这无疑将对夏季制冷量大的城市中央空调发展带来一场变革。同时，也可以为住宅小区、宾馆等建筑物供热制冷，节能30%以上。每利用1吨原生污水，节约1.5千克标准煤。

望海名居污水源热泵站是利用威海市城区污水为冷热源。工程设计总装机容量为6720kW，可以满足整个小区的采暖需要。经测算，该项目每个采暖季与燃煤锅炉供热相比较节省燃煤986吨，节能效果达到46.02%，减少二氧化碳排放量2110吨，减少二氧化硫排放量66吨，减少氮氧化物排放量32吨。

（十一）太阳能杀虫灯

该产品利用太阳能提供电源，利用害虫的趋光性和对特定波长的敏感性引诱害虫，通过高压电网将害虫杀灭，无需铺设电缆，简化了安装工程。该产品采用了智能型控制芯片，实现了半自动清虫、光控、雨控、定时开关、过充保护、短路保护、防水保护等智能化控制，诱虫光源采用新型专用电光源，H型的黑光灯与紫外光的配合拓宽了光谱且增加了峰值，可自动或半自动清虫，且灯杆为两截式可调节高度，以适应不同高度的农、林作物。该产品在多方面具有创新性，属国际、国内领先产品。

该产品能广泛用于农业、林业、蔬菜、仓储、茶叶、烟草、果园、大棚、葡萄园，以及酒业酿造、城镇绿化、水产养殖等，为广大农作物种植、有机基地生产无公害优质农产品和观光生态农业提供可靠的科技保障。据不完全统计，该产品可诱杀害虫1500余种。与使用普通农药相比，采用中科恒源太阳能杀虫灯性价比更高。

（十二）微网太阳能光伏供电系统

该项目以成熟的太阳能光伏分布式电站为基础，运用微网技术、电力电子技术、计算机控制等技术，通过关键技术研发和示范工程的建设，形成具有自主知识产权的，由光伏电源、储能设备、负荷、并网设备、控制系统等共同组成的，电能质量高的，供电安全可靠的太阳能光伏微型电站。

太阳能电站既能够为本地负载供电，也可将富裕电力并入国家电网。使电能消费者成为电力生产者，这是电力生产与消费方式的革命性突破。项目产品适用于公共建筑、家庭等利用太阳能实现自主供电和并网发电。

（十三）大功率LED路灯灯头

大功率LED路灯系列产品是目前取代高压钠灯的第四代绿色节能产品。该产品拥有多项国家专利，路面照度、路面均匀度等各项指标经检验完全符合城市道路照明设计标准的要求，外壳防护等级达到 IP66 标准。

该产品系列有 112W 和 196W 两种型号，主要用于替代目前广泛使用的 250W 和 400W 高压钠灯。该产品上每颗 LED 都有独特的二次光学系统，能形成路面照射的矩形光斑，光线分布均匀，取光效率在 84% 以上，显色指数高，使用寿命超过 10 年。

该产品安装有自动控制节能系统，可自行调节功率，节电达到 60% 以上，在后半夜车少时，路灯降低功率，节能效果显著。灯具设计有防水、自洁系统，采用铝合金外壳，具有简洁、现代的城市风格。

（十四）风光互补发电装置

该项目利用风能和太阳能互补发电原理，研制开发出节能环保型新产品——风光互补发电装置，其独具特色的风力发电机采用垂直轴螺旋形叶面，占用空间小，不受风向影响，且发电效力高，并采用"光控＋时控"的智能化控制系统。该产品已获得了多项国家专利，有良好的市场前景，可广泛用于道路、广场、山区、海岛等地的发电照明。

第三节　社区水资源利用

（一）绿地节水灌溉智能控制系统

绿地节水灌溉智能控制系统围绕"信息监测—决策控制—系统集成"三个关键环节，综合运用传感器技术、计算机技术、自动控制技术及现代通信技术，实现了公园绿地种植过程的精准监测、高效灌溉和科学管理。系统在合适的时间进行适量的灌溉，从而为作物提供了最合适的土壤含水量，减少了水资源浪费，提高了灌溉水资源利用率，并且大大节约了人力资源成本。

绿地节水灌溉智能控制系统用于农业、公园、城市绿地、道路隔离带、体育运动场所（高尔夫球场等）的智能节水灌溉，实现灌溉智能控制、土壤墒情监测、用水管理和远程监控。

该成果在北京、山东、黑龙江、河南、新疆等全国多个省市得到大面积应用，建立示范区 15 处，安装智能灌溉控制系统 1000 多套，推广应用面积 5 万亩。

（二）多水源优化调度与配置决策支持系统

该成果可直接应用于城市（或工业园区）多种水资源（自来

水、再生水、雨水等）的优化配置与运行管理。根据决策学、运筹学和水资源工程学等学科的有关理论和方法，应用先进的数据库及GIS技术，以多水源供水循环利用为城市（或工业园区）供水系统运行的基点，通过对产业园区水资源供需结构与运行工况的分析，挖掘水资源循环利用的潜力，充分、合理地利用一切可利用的水资源，建立多水源优化调度与配置决策支持系统。

自 2010 年以来，成果已在天津天保市政有限公司、天津空港物流加工区水务有限公司应用，实现了对多种水资源历史数据、系统在线监测数据的规范及有效管理，形成了研究区域的多水源协同供水、优化运行。

所建立的系统中各个功能模块如多水源信息管理查询模块、水量预测模块、优化调度与决策模块等，为研究区域的供水各管理部门提供供水设施、用户用水的历史与现状信息，多水源联合供水优化调度策略和多种可行的系统优化运行方案，实现了水资源供需系统的动态管理与和谐运行，并逐步形成城市（或工业园区）系统的、稳定的多水源供水、循环利用调控系统。

（三）雨水雨能资源综合利用技术

该成果面向小区、楼宇建筑的雨水收集利用领域，适用范围广泛，既可用于山地丘陵地区，也可用于平原地区和海岛地区；既适用于农村,又适用于城市;既适用于缺水地区,也适用于水资源丰富地区。该项雨水雨能资源综合利用技术既可以减少降雨径流污染和雨水对地面的侵蚀,又可以提高城市防洪减灾能力,提高当地的水资源承载能力,并且弥补区域能源的不足,削减了二氧化碳的排放。该成果具有结构简单、环境友好、经济和社会效益显著等优点。

该雨水雨能资源综合利用示范点(雨水电站)于 2011 年上半年建成,总集水面积 1200 平方米,设计发电水头 4.6 米,引水流量 2.5 升/秒,装机容量 80W(实际电站满水位工作,水轮发电机出力可达 100W),工程一次性投资约 8000 元,受益人群数量约 30 人,可补充厂区日常绿化用水和生活用电,综合效益显著,具有很好的环保、节水、节能和减灾效益。

(四) 多点采样、非接触式 IC 卡智能水表

该产品针对现有的智能水表抗攻击性不足,稳定性、可靠性差等问题,提供了一种稳定可靠的多点采样、发讯,多路输入、输出的新型智能水表。此项目产品采用了 6 点以上采样、发讯的基表技术,利用多路 I/O 输入、输出技术,通过动态数据库与各个用户管理软件相对接完成数据采集。智能 IC 卡的应用在我国已经十分普遍,在水表行业中,机械式工业水表已经逐渐被嵌入式 IC 卡智能水表所取代,有效促进了水资源管理部门对水资源的科学管理,同时

提高了工业用户对水资源的利用率，非接触式 IC 卡智能水表改革了传统抄表与收费问题，还可以实现预付费，完成"先付费再用水"和持卡消费的先进模式，节约劳动力，水量记录、计费由计算机完成，准确、可靠、及时。

该产品主要用于对用水量进行精确计量和管理，改革传统抄表与收费问题，改用非接触式 IC 卡实现预付费功能，有力地促进了居民用户一户一表，减少了供水企业在操作过程中因水量损失而造成的经济损失和水资源的浪费，解决了城市供水与用水管理之间产生的矛盾，给水表改造工程带来显著的社会效益。

（五）磁浮式智能节能阀

磁浮技术可广泛应用于卫浴、餐饮等领域的水阀、气阀上，这在国内尚属首次。其中，餐饮系列"HC 磁推式自动节水阀"可应用于家庭、各类餐饮酒店。卫浴系列"大小水双键延时冲洗阀""小便延时阀""延时水龙头""脚踩阀"可应用于学校及宾馆酒店、医院、养老院、行政机关、企事业单位、别墅公寓、商务办公楼、高速公路服务区、机场、车站等行业公共卫生场所。

将磁浮技术应用到原有阀类产品上，对其传统的控制方式进行技术改造，是将磁浮技术与成熟的阀类产品相融合，有效增加了阀的应用功能，显著降低了阀的制造、安装、维修成本。从测试及应用的结果看，完全成功，不存在不可解决的难题，彻底解决了管道系统介质的泄漏，保证了安全生产，防止了能源经济损失和环境污染。该产品可广泛用于日常生活、工业生产中的供水、供气管路，实现有效节能。

（六）智能供水系统

该成果可广泛用于农田灌溉、园林绿化等领域。主要用于精确计量和控制取水口、取水量和取水时间，通过 GIS 区域水资源调配管理系统，能科学规划、分配和管理灌区或供水管网的取水量和取水时间。通过技术手段，对区域内的水资源进行科学合理的规划和分配，使灌溉能够高效节水，使水利主管部门能够科学决策，有效地保护地下或地表水资源。该成果已通过国家电子电器安全质量监督检验中心、水利部泵站测试中心测试，并通过青岛市科技局组织的科技成果鉴定，技术水平属国内领先。

2008 年 12 月，水利部矫勇副部长在新疆考察地下水开发利用机电井建设工作时指出，智能 IC 卡系统在甘肃省石羊河灌区具有较好的应用，不仅有效减少了地下水资源的浪费，而且促进了电费的回收，降低了农户的灌溉成本，成为有效管理地下水资源的一个重要方式。

（七）中水回用新技术

该成果属于污水资源化关键技术，将住宅、宾馆、大型公用建筑、机关和学校排放的生活污水进行就地处理，并回用于厕所冲洗、地面路面冲洗、庭院绿化、洗车等，效果好，成本低。

该成果采用膜生物反应器工艺，将配有折流板结构的反应器和膜分离组件相结合，进出水采用间歇方式运行，运行能耗仅为 $0.8 \sim 1 \mathrm{kW \cdot h/m^3}$，膜通量可维持在 $0.3 \sim 0.45 \mathrm{m^3/(m^2 \cdot d)}$，系统出水水质优于"生活杂用水水质标准"。与以往传统的中水处理工艺相比较，该成果具有处理流程短、运行稳定、出水效果好、自动化程度高等优点。

（八）低能耗高功效快速澄清池水处理装备

低能耗高功效快速澄清池水处理装备既可用于新建水处理工程，也可以用于现有水处理工程提标改造，特别适用于现有城镇已建水处理项目而用地又较紧张工程的改造升级。

该项目适用于各种规模的城市或中小城镇污水处理厂、自来水厂。污水处理及回用水处理工艺所处理的水全部可以回用于城镇居民生活、生产工艺、绿化、冲厕等。

该项目已成功应用于云南省安宁市永昌钢铁有限公司、江苏省苏州市吴中区木渎污水处理厂、湖南省岳阳市城市污水处理厂等 3 家单位，各项指标内达到设计要求，节约土地资源，降低投资、建设运行成本，增加处理水量和水力特征、出水效果，节约运行能耗，提高自动化智能控制，减少操作人员，节约运行药剂，增加回收水资源，应用效果良好。

（九）民用一体式污水处理器

民用一体式污水处理器是一种家庭用源头式节排水装置，它将庞大的区域性中水处理回用系统化整为零，分解到各家各户，将简单的智能化操作和方便的实用技术相结合，在户内实现选择性节水，实现了上下游排水的循环再利用。

该技术利用"模块装置"，替代了由三通、四通、弯头、管段等拼装的排水横支管老系统，形成一个能容纳 120 千克的废水集成化装置。技术采用电磁隔离感应技术对箱体收集的废水进行采集，嵌入式系统设计作为数据处理核心，以智能管理控制模式进行自动操作，通过执行单元完成自动收集、过滤、储存、消毒、清洗，再由控制系统程序指令自动提升至马桶低水箱，用来冲厕，节约冲厕所用的自来水，节水可达30%，实现了户内废水回用和安全健康排水。该装置一次性投资小，运行维护费用低，省心、放心、简单、方便，并达到自家的废水再利用，具有节水效果，且不用承担高额的市政污水处理费。

该技术与建筑结构设计的巧妙结合,解决了建筑结构、给排水设计等存在的承压能力、防水、与卫生洁具结合等问题。符合标准规范要求的"废污分流""同层清扫""同层敷设""产权清晰",实现了户内废水回用和安全健康排水,同时综合解决了卫生间漏、堵、冷凝、排水噪音等问题,并达到排水管道基本无维修的效果,可广泛应用于新建住宅、宾馆、宿舍等建筑卫生间。

(十) 污水资源化生态处理集成技术工艺

该生态处理集成技术工艺根据现代生态学和环境生态工程学原理,坚持社会与自然协调发展原则,集新能源开发利用技术、膜技术、微电池电解生物填料技术和湿地生物自适应控制技术等多种工艺技术于一身,针对城镇、农村、工业和农业等不同类型污水的污染程度及不同用户对回用水水质的不同要求,研究设计了适宜各类污水的生态处理回用技术。该集成技术基本上涵盖了针对城镇、农村、工业和农业等各类污水的生态处理回用技术。该集成技术可以有效地提高污水处理质量,降低生产运行成本,降低能源消耗,减少环境污染,实现污水资源化。该项目成果在我国的推广应用,对推进我国水处理产业结构优化升级、实现我国水处理行业生产技术大跨越具有重要意义。

（十一）一体化污水处理设备

一体化污水处理设备引进北京环境保护科学研究院最新研发的水解反硝化脱氮技术以及高效好氧生物流化反应器技术，重点研究新型的以水解反硝化单元、高效好氧生物流化反应器、无芯轴回转式气浮池刮渣机、新型除臭工艺为核心，并配套新型布水器、免冲洗活性砂滤器等设备的城镇污水一体化脱氮除磷集成技术，完成系统的设备化、模块化、系列化；着重解决水解反硝化脱氮技术、高效好氧生物流化反应器的工艺放大问题；设计以 PLC 为核心的污水处理监控系统；开发新型布水器以及新型除臭设备；进一步完善系统关键设备与配套设备的集成，形成高效、低耗的污水达标处理成套设备，提高污水处理效率，减少污泥产量。

通过系列工程应用示范，完善系列设备的配套，实现高效低耗的新型一体化脱氮除磷成套设备的国产化和生产线建设，可降低小城镇污水处理工程的投资运行成本，推动污水处理工程产业化发展。该项目生产的污水处理工程一体化成套设备可广泛应用于中小城镇污水处理，以及以去除有机物和脱氮除磷为目的的工业废水处理。

（十二）分散式污水处理与再生利用技术

在城市大型供排水管网没有覆盖的广大区域，就地处理、就地回用的分散式系统成为解决这些区域污水排放、处置和利用的主要建设模式。分散式污水处理与再生利用技术具有短流程、高效率、占地少的典型特点，对市政管网建设不完善的中小城镇、生活组团、社区、学校具有很强的针对性和良好的适用性。

分散式污水处理与再生利用技术改革传统污水处理的技术模式，瞄准污水再生回用的目标，打破一级处理和二级处理的界限，根据城市污水中各种污染物的处理性，进行技术的融合与集成，形成了短流程污水再生处理的技术新体系。推行物化—生化处理技术的优化组合，研发出一系列在一个处理单元内完成污染物转化和固液分离的污水再生处理技术。

（十三）生态节能型农村生活污水处理技术

该技术适用于农村村镇生活污水及城市分散式生活污水处理，采用太阳能辅助动力支持下的"厌氧＋射流充氧生物氧化＋人工湿地"组合工艺处理农村和分散式生活污水，出水稳定，达到《城镇污水处理厂污染物排放标准》（GB18918-2002）一级 B 的标准，即 $COD_{cr} \leq 60mg/L$，$BOD_5 \leq 20mg/L$，$SS \leq 20mg/L$，氨氮 $\leq 15mg/L$，总磷 $\leq 1mg/L$。系统采用太阳能和交流电网双线供电，光伏电优先。与国内外同类技术相比，具有建设投资省，运行成本低，管理简便以及生态、节能等特点。

该成果已取得一项发明专利、一项实用新型专利，2010 年获科技部农业科技成果转化基金支持，在鄱阳湖生态示范村建设中获得推广应用，建成了 3 个农村自然村生活污水处理示范工程。

（十四）下水道多功能污水处理技术

该技术可用于城市、农村集镇生活污水处理。与传统的污水处理技术相比，利用下水道处理污水的经济性是显著的，它不占地、不需建污水处理厂或只需建小规模污水处理厂，其投入主要在下水道微生物的维持及某些管段的强化通风上，其经济性也是比较显著的。

该技术具有简易高效、投资省、能耗低及管理方便等优点，目前尚未建污水处理厂的中小城镇，可以在有限的资金投入情况下改善水环境污染状况，并且有利于减小今后新建污水处理厂的规模。对于那些已建有污水处理厂的城镇，则可用以缓解污水处理厂超负荷运转的压力。该工艺是适合我国国情的污水处理新技术，无论是在经济上还是在环境效益上，均有较大的优势。

（十五）城市污水回用于炼化处理技术

该技术主要用于以市政污水处理厂二级出水为水源生产满足炼化企业用水水质要求的循环水补水和锅炉补水。市政污水处理厂二级出水通过生物床固定膜反应器、气浮滤池处理后，一部分出水达到循环水补充水水质要求，另一部分出水再经超滤、反渗透、真空除气后，满足锅炉补水水质要求。

目前，应用该技术已建成了全国石化行业第一套长周期平稳运行的城市污水回用装置。该装置设计总水量为 $30000m^3/d$，其中循环水补水为 $5000m^3/d$，电厂一级除盐水为 $25000m^3/d$。此项技术的推广应用，加快了炼化企业节水减排工作的进程。

（十六）供水检漏技术

检漏技术发展主要有四个阶段，目前最为领先的是区域泄漏普查预定位技术——过渡性技术。其功能是通过噪音自动记录仪记录漏水噪音信号，经过对信号的处理和运算，确定漏水管道范围，即所谓的区域泄漏预定位技术。

在我国城镇建设过程中，供水管网的漏失造成了巨大损失，因此应当结合当前我国供水检漏技术的现状，研究建立给水管网监控和漏损管理及预警系统，借助先进的信息管理技术，提升管网监控和及时处理的效率。

（十七）人工湿地污水处理技术

人工湿地污水处理技术是运用生态学原理加工程学方法而形成

的生态工程水处理技术。其生态学原理具体体现为对现代生态学的三项基本原则——整体优化、循环再生和区域分异的充分运用。此技术净水也可与人工湿地景观紧密结合，形成污水处理与人工景观的协同建设。

人工湿地污水处理技术可广泛用于水源保护、景观用水、市政工程污水处理、河湖水环境综合治理、住宅小区生活污水处理、部队院校生活污水处理、农村生活污水生态处理和部分工业废水处理等各个方面。在各种地理、气候条件下，通过选择适当的废水流经方式和植物品种，无论是南方地区的炎热潮湿还是北方地区的寒冷干燥，该系统均能取得良好的处理效果。

第四节　固体废弃物处理与利用

（一）菜市场垃圾源头精细化分类、减量化处理和资源化再利用技术

该项目以菜市场垃圾为非居民垃圾处理的突破口开展技术研发和项目实施，推出一种适用于菜市场垃圾等非居民垃圾源头精细化分类、减量化处理与资源化再利用的技术和项目管理运作模式。该项目大大减少了垃圾运输量，降低了垃圾填埋量，提高了垃圾的资

源化处理率，适用于菜市场、超市、商场、企事业单位、政府机关、学校、医院等非居民垃圾处理。

源头精细化分类和减量技术包括机械精细化分离、多级破碎和浆化研磨等工艺。其技术原理为通过机械设备，分离菜市场垃圾中果蔬垃圾以外的物品、多级破碎和浆化研磨果蔬等有机垃圾，使其成为高密度浆化状态，实现减量化，同时为下一步的资源化处理做好准备。高密度浆化状态的果蔬垃圾可以用普通粪便抽车运送至粪便消纳站等有机资源再生中心，最终与粪便、厨余、垃圾渗滤液等进行联合厌氧消化、好氧堆肥和污水处理等，最终被转化为天然气、气肥、有机肥、再生水等再生资源，从而真正实现菜市场垃圾的无害化、减量化和资源化处理。

（二）建筑垃圾制多用途免烧砖

免烧砖的生产与传统红砖的生产相比，具有以下几项特点：利废、节土、节能，原材料来源极其广泛，保护生态环境，强度高、不怕水、抗风化、耐腐蚀、抗冻融，质轻、保温、隔音、无污染。

利用该技术，建筑基础拆除的建筑垃圾无需用泥头车运走和堆放，只需要经过粉碎处理，然后加入水泥和水，就可以就地制成各类免烧砖。这些砖可以作为该建筑物的非承重隔墙、花台、围墙等用砖，用不完的砖运走处理也比运送垃圾方便、清洁，可以大大节省基础制作的垃圾和用砖运输费用,并免除运输中的环境污染和交通拥堵。一个明显的优点是,可以减少城市的建筑垃圾堆放和运输建筑垃圾造成的麻烦。一个有用的前景是,城市现有堆放的建筑垃圾也可以就地制造成这种免烧砖,既环保,又可以节省大量生产砖的土地和堆放这些垃圾的场所。

(三) 建筑垃圾制高性能墙、地砖及产业化技术

该成果是建筑废弃物的资源化利用技术,产品为高性能建筑用墙砖和路面砖,适用于处理大中城市和城镇的拆旧(建筑)和建新(建筑)过程产生的垃圾。高性能标砖产品则可用于多层建筑和围墙的砌筑,路面砖则可用于人行道、广场的铺设等。

砌墙砖达到 NY/T671-2003 混凝土普通砖和装饰砖标准要求,强度等级为 MU15;路面砖满足 JC/T 446-2000 混凝土路面砖标准要求,强度等级为 Cc30。以石家庄年产 5000 万块标砖为例,其成本为 0.16 元/块,售价为 0.20 元/块,安排就业 100 人。年消耗建筑废物 10 万吨、其他废弃物 3 万吨,节约黏土约 20 万方,减少由于堆存占地约 100 亩。目前,已经建成 4000 万块生产线 2 条,产品生产销售情况良好。2011 年 7 月,石家庄市长安嘉奕新型建材厂投资 200 万元建成 2000 万块标砖生产线,安排下岗职工 25 人,生产线运行和维护成本约 0.006 元/块。目前,生产线正常运行近一年,建筑企业等用

户反馈产品性能稳定，满足施工要求。

（四）垃圾焚烧飞灰冶金烧结资源化利用技术

该成果适用于城市生活垃圾焚烧发电厂所产生的垃圾焚烧飞灰无害化、资源化处理。2009年2月至2009年5月，将重庆同兴垃圾焚烧发电厂产生的1800吨垃圾焚烧飞灰送至重钢集团金科公司用于烧结矿的生产性试验工作，结果显示，垃圾焚烧飞灰的冶金烧结资源化利用技术可以很好地应用于工业生产，它既不会影响烧结冶炼工序的正常运行，又可对危险固体废弃物垃圾焚烧飞灰加以有效的无害化处置和资源化利用，同时带来的环境影响微乎其微，经冶金烧结处理后的部分固化飞灰可移至黑石子垃圾填埋场安全填埋。

2009年2月至2009年5月，在重庆大学、重庆霖鸿环保科技有限公司、重庆同兴垃圾焚烧电厂、重钢集团三峰科技有限公司、重钢烧结厂的合作下，五家单位联合开展了冶金烧结处理垃圾焚烧飞灰的工业试验。通过将垃圾焚烧飞灰以3%的质量比例与冶金物料混合制粒，进行烧结冶炼，对添加垃圾焚烧飞灰的冷固小球、烧结矿冶金性能以及高炉运行状况、烧结烟气等进行了检测分析，结果表明，冶金烧结法处理垃圾焚烧飞灰能够有效实现飞灰的无害化，对造球、烧结、冶炼等冶金工艺环节的顺行基本没有影响，所带来的环境影响与未添加飞灰进行烧结冶炼所造成的环境影响基本没有差别，验证了冶金烧结法处理垃圾焚烧飞灰工业应用的可行性。

（五）集中式农林生物质废弃资源化利用技术

集中式农林生物质废弃资源化利用技术是将松散的农作物秸秆、稻壳、木屑等农林废弃资源集中粉碎后，送入成型机械，在外力作用下，压缩成需要的形状，可作为燃料直接燃烧，也可进一步加工，形成生物炭，提高生物质单位容积的重量和热值，方便运输和储存，形成商品化，实现废弃资源的循环化、经济化利用。

依托集中式农林生物质废弃资源化利用技术生产出的固体成型燃料，目前主要应用在以下范围：取代煤、油或天然气等能源，替代工业或民用锅炉燃料广泛应用于各种公共机构（酒店、学校、医院等），工厂企业（食品、造纸、纺织、机械等），供暖/热行业以及普通大众的炊事取暖等；农村集中气化站原料；生物质电厂。在节约石化能源的同时，可有效地减少二氧化碳等温室气体的排放，实现节能减排效果。

我国生物质资源丰富，但是相对来说也较为分散，并且具有鲜明的季节性。如何快速、有效、经济地实现原料的"收、储、运"，是公司产业化发展过程中需要解决的问题。公司在原料富裕的地区建立燃料生产基地，在原料收集上制定了自己的收购策略，与一些经纪人签订长期合作协议，这些经纪人将原料直接送到公司加工基地，公司将按照质量标准进行分级收购。公司重点培养一批信誉好、勤奋肯干的经纪人负责收购原料，力争每个加工基地培养 10~20 个经纪人，每个经纪人布置一定的原料收集任务，以确保加工基地的原料保障。公司将根据原料供应的淡旺季实行差别价格，鼓励经纪人根据自身情况进行季节调剂，以减少加工基地的库存占用，有利于长期稳定获得原料。实践证明，这种管理模式已经取得了较好的效果。

（六）餐厨垃圾检测技术及污染减排总量核算方法

该方法可广泛应用于餐厨垃圾的处理、处置、资源化利用等相关的环境、食品、质检、农业等部门的餐厨垃圾监测。该方法为餐厨垃圾资源化处理企业优化工艺提供技术参数；为政府有效管理城市餐厨垃圾提供科学依据；为全国其他城市探索餐厨垃圾的"出路"提供经验和借鉴。

该方法初步确定的完整系统的餐厨垃圾检测方案，包括样品采集、样品制备以及样品检测，在国内处于领先水平，适于全国推广试用，并逐步完善为国家监测规范。该研究提出的餐厨垃圾采样、制样及检测方案包括了含水率、化学需氧量、氨氮、氯化物及有机质、全氮、全磷、粗脂肪、蛋白质等九项指标。

该方法已应用于甘肃省餐厨垃圾综合处置管理及"十二五"污

染物总量减排工作，此项工作详细调查研究、检测分析了兰州市各类餐厨垃圾的特性，深入评估了综合处置兰州市餐厨垃圾的环境效益，科学核算了综合处置餐厨垃圾对总量减排工作的贡献。该核算方法准确合理、数据翔实，检测技术具有首创性，为餐厨垃圾管理工作的展开提供了良好基础。

（七）以厌氧发酵为核心的城市餐厨垃圾资源化处理技术

城市餐厨垃圾资源化处理技术应用生物综合处理工艺，采用湿式分选及湿式厌氧发酵处理工艺，对餐厨垃圾进行资源化和无害化处理，实现循环经济发展。此项技术适用于处理城市餐厨垃圾，可将餐厨垃圾转化为有机肥料和清洁能源，具有广泛的应用前景，并对发展循环经济、建设资源节约型与环境友好型社会具有重大意义。

该项技术通过建立餐厨垃圾厌氧发酵消化、自动控氧堆肥、"三废"处理及生物柴油加工四个独立的子系统，以及技术集成有机结合，形成整套成熟、可行的工艺技术，能够最大限度地将餐厨垃圾中可利用的资源全部回收与转化，完成餐厨垃圾废弃物资源化、无害化处理，实现资源的循环利用。

此项技术成果的示范项目——兰州市餐厨垃圾资源化处理厂，目前处于试运行阶段，每天收集餐厨垃圾约 100 吨，覆盖兰州市主城区城关区、七里河区、安宁区、西固区 2000 多家餐饮单位。到

2015 年项目将正式投入运行，达到 200 吨的日处理能力，实现兰州市"三县一区"的餐厨垃圾全收集、处理全覆盖，彻底解决"地沟油""垃圾猪"给兰州市民带来的危害，使餐厨垃圾处理按照循环资源利用的模式运行，真正实现餐厨垃圾资源化、无害化、减量化的目标。

（八）环境园垃圾资源化与循环经济系统化工程技术

该技术适用于城市生活垃圾分选回收、焚烧发电、高温堆肥、卫生填埋、渣土受纳、粪便处理、渗滤液处理等诸多处理工艺集成的环卫综合基地。其基本原理是通过垃圾处理破碎分选、卫生填埋、焚烧发电、生物处理、综合利用等诸多城市技术集成应用，构建技术先进、环境友好的集约式、公园式环卫综合基地。

工艺流程是利用园区的生物质废物，以生物质燃气化为主要能源化方式，建立园区能源自持乃至输出的清洁能源模式。根据环境园区的废物流特征，采用有机废渣、无机废渣的共性资源化技术，实现园区以生物碳土、建筑材料、清洁燃料等形式向社会进行资源回馈。针对园区的气态、液态、固态污染物的主要类型，通过污染物控制与减排技术，降低环境园废物处理处置过程的碳排放、可吸入颗粒物等气体污染物排放。进行多级分质回用污水，减少水资源消耗及污水排放；进行固体残渣稳定化、无害化处理处置，减少固体废物污染，打造以清洁生物质能综合利用、资源高效循环、污染物深度减排等为典型特征的城市垃圾处理环境园模式。

（九）沼气发酵功能微生物强化技术研究及集成示范

该成果针对农村废弃资源的能源化利用现状，可加快沼气发酵启动，提高原料转化率和产气量，缓解冬季产气难等问题，普遍适用于我国华东、华中、华南、西南地区的农村户用沼气池，华北地区的"四位一体"沼气池，以及全国不同地区的沼气工程。

该成果已分别在四川、贵州、江西、广西、湖南、西藏、河北、重庆、北京、山西、黑龙江等11个省份的10000余口农村户用沼气池进行了推广应用示范。在"四川新元制药有限公司沼气工程""西藏自治区达孜太阳能沼气及集中供气示范工程""尼池养殖有限公司太阳能沼气集中供气工程""西藏林芝地区沼气集中供气工程""北京市大兴区安定镇后安定村集中供气沼气站""山西长治县万头养猪场"6处沼气工程中进行了示范。推广应用证明，该技术对沼气发酵具有良好的促进作用。成果应用期间，培训农村沼气发酵管理、维护人员及用户1000余名，使"沼气发酵功能微生物强化技术"得到了较大面积的推广应用，对我国15个省市的沼气发酵应用技术起到了较大的带动作用。

（十）节水型安全饮水净化成套设备

该成果适用于各种饮用水安全保障，用于农村地区村、乡、镇及市政供水和企事业单位、学校、家庭的饮用水净化。

该成果已经在北京、四川、内蒙古、新疆、河北、山东、山西、天津、武汉等多个地区建立了安全饮水示范工程，应用单位达到上百家，解决了几十万城乡居民的饮水安全问题，把科技成果惠及百姓，解决了饮水安全问题，极大地改善了当地居民的健康卫生状况。

北京市窦店村第一供水厂位于房山区窦店镇，主要向窦店村居民以及附近的京南嘉园、山水汇豪小区供水。由于该地区水质较差，盐和溶解性总固体含量都偏高，特别是硬度和硝酸盐已经超过国家标准，用户经常抱怨。原来水厂的处理工艺中没有除盐措施，随着水污染的加剧，水质可能还会恶化，而随着人们生活水平的提高和健康卫生意识的提高，人们对水质的要求也越来越高。因此，2009年安装了该成果的设备，工程总投资280万元，日供水量2000吨。

（十一）现场实时医疗废弃物处理及回收再利用设备

医疗废物作为一种危险废物，对人体存在直接和间接危害，如致癌、生殖系统损害、呼吸系统损害、中枢神经系统损害等。每天全球都会产生数百万计公斤的感染性医疗废弃物。据卫生部统计，

2011 年中国产生 200 万吨以上医疗废弃物，并且每年以 15% 的速度在增加。在国外很多发达国家，掩埋和焚烧早已被淘汰。而在中国，医疗废弃物主要还采用这两种方法：集中焚烧和集中掩埋。这两种方法都有不可克服的致命缺陷。集中掩埋会严重污染土地和水源，浪费大量的土地；而焚烧则释放出大量的有害污染物，如二恶英、呋喃、重金属离子等有毒灰尘，严重危及自然环境安全。

医疗废弃物处理及回收再利用设备可随时移动到各种需要场所现场进行实时的医疗垃圾无害化处理，把有害的医疗废弃物处理成无害的生活垃圾，具有现场实时无害化、安全可靠、操作简单、经济环保等优点，并彻底避免了储存以及运输过程中的二次污染，为医院等医疗机构的必备装备。该设备适用于各种医院、卫生所、实验室、血液中心等产生医疗废弃物的部门、单位。

（十二）垃圾管道自动化收集系统

垃圾管道自动化收集系统可在城市公共建筑、酒店、医院等内部提供一种专用物流通道，有效地从高层建筑楼内封闭地传送出可能携带污染源的物品，保护周围环境，隔绝传染病菌渠道。它改变了以往推车运送垃圾、布草的方式，改为密闭的、有益于环保及人们健康的专用通道。该产品适用于城市公共建筑、酒店、医院，可以从高层建筑楼内封闭地传送出可能携带污染源的物品，实现人流、污物流分离，隔绝病菌空气传染渠道，保护周围环境。

（十三）生活垃圾资源化利用

以节能化、资源化、环境保护为中心，实现清洁生产和高效集约化后产，在保证高质量水泥的同时，加强水泥生态化技术的研究与开发，逐步减少天然资源和天然能源的消耗，提高废物的再利用率，最大限度地减少环境污染和消纳工业废弃物和生活垃圾，达到生产、生活与生态环境完全相容，和谐共存。将水泥的生产纳入"生态工业"系统，已成为世界水泥工业发展的必然趋势。

我国城市垃圾分类率低、热值低、水分含量高，用传统的焚烧方式处理生活垃圾，设备复杂、价格昂贵、运行成本高，且容易造成二次污染。该技术克服了现有焚烧技术的缺点，提供了一种改进的垃圾处理方法，其目的是采用循环经济的发展模式，利用先进的技术、设备和工艺，达到节能降耗、减排降污的效果。该方法具有垃圾处理量大、无害化彻底、固体废弃物利用率高、性能稳定等特点，利用该方法可显著降低设备的复杂程度，降低运行成本，避免造成二次污染。

传统上，垃圾主要是填埋处理，这种方式不仅占有大量土地，而且给周边环境特别是地下水资源带来极大的危害。最近几年，生活垃圾污染给人们带来的灾难时有发生，垃圾围城困局难解。将这些生活垃圾作为水泥生产的替代燃料和余热发电的补充能源,既可减少自然资源与能源的消耗,又可变废为宝,实现固体废弃物的循环利用。将垃圾焚烧处理与水泥生产有机结合,不仅为垃圾的资源化利用找到了最佳途径,而且使水泥生产走上了循环经济和生态化发展道路,为我国生态文明与水泥产业创新探索出了一条出路。

(十四)生活垃圾卫生填埋场安全运营与节能减排技术集成及工程示范

该成果适用于城市生活垃圾固体废物处理处置。该成果针对生活垃圾卫生填埋场安全运营和节能减排技术进行系统研究和工程示范,其中安全运营技术主要包括高等级防渗系统的应用、生物反应器填埋技术研究及其工程应用、南方多雨地区填埋场控水导水技术及工程应用和填埋场安全稳定强化措施与工程应用。节能减排技术包括渗滤液处理过程节能减排技术与工程应用和填埋气体收集与能源转化技术及工程应用。通过系统集成各环节关键技术,对填埋场的安全运营和末端污染物的节能减排处理进行全程控制,从而将安全保障贯穿于填埋场的设计、运行及风险控制等各个环节,同时促进了填埋过程产生的渗滤液和填埋气体的资源化利用。该项目通过在深圳市下坪固体废弃物填埋场的工程应用,工艺技术日益成熟。

深圳市下坪固体废弃物填埋场是国内首个建立全方位填埋场安

全运营保障技术体系的卫生填埋场，它将安全运营保障贯穿于填埋场设计、运行及风险控制等各个环节，解决了我国传统卫生填埋场稳定化时间长、防渗结构稳定性不足、填埋堆体渗滤液水位高、缺乏填埋场安全风险评价标准等问题，填补了填埋场全过程安全运营保障管理评价体系的空白。下坪填埋场二期工程在国内首次采用双复合衬里防渗结构设计，铺设面积达 34 万平方米，有效提高并保证防渗系统的安全性。开展生物反应器填埋技术研究，建立了生物反应器填埋技术现场试验系统，并将成果应用于实际填埋区域，可将稳定化时间缩短 50% 以上。同时，利用各类场外控水导水技术与导排盲沟和深层抽排竖井技术，有效解决填埋场堆体渗滤液水位高，堆体稳定性、安全性差等问题。下坪填埋场安全运营与节能减排技术集成及工程示范，对我国生活垃圾卫生填埋场的安全运营和节能减排起到了工程示范的作用，不仅在本场的生产管理中得到充分应用，取得显著成效，而且在全国同行业中也被广泛应用，同时还完善了我国生活垃圾卫生填埋处理技术标准和规范，有力地推动了我国生活垃圾卫生填埋技术的发展。

（十五）积木节能墙板

积木节能墙板是一种利用工业废渣——粉煤灰、脱硫石膏以及回收城市垃圾废旧聚苯泡沫等为主要原料生产的新型墙体材料。它解决了城市垃圾及工业废弃物的处理难题；不使用黏土资源，控制了黏土资源的大量流失；无需烧制，杜绝了墙体生产的三大污染排放；保温、隔热，解决了普通墙体能耗过高的浪费；节省空间，每5米节能墙板可节省1平方米建筑空间；积木卡扣式安装，施工快捷，解决了现场施工复杂的烦恼，节省了1/3的整栋建筑施工时间；整体承重减轻能力减轻1/3；减少施工浪费，物美价廉。

该项目产品具有十几项专利，推广应用后可提高墙体工程预制化程度，提高机械施工水平，能够大大减少墙体工业的湿作业，大大提高施工效率，适应了建筑工业化的发展需要，杜绝了烧砖带来的粉尘和废气污染，符合国家"节能减排、循环利用"政策。

（十六）生物质气化发电系统

生物质气化发电系统是黑龙江中泽能源开发有限责任公司开发的利用生物质循环流化床气化技术，它是一个把生物质废弃物，包括木料、秸秆、稻草、谷壳、甘蔗渣等转换为可燃气体，经过除焦净化后，再送到气体内燃机进行发电的节能环保能源系统。该系统达到以气代油、降低发电成本的目的，其关键技术包括生物质气化、焦油处理及气体净化、焦油废水处理及其循环使用、燃气发电和系统控制等。

第五节　社区建筑节能

（一）暖通空调智能监测控制技术

通过暖通空调智能监测控制技术，可对建筑进行能耗监测、能效诊断、节能控制改造与优化运行控制等。在保证建筑室内环境舒适度、系统可靠度和环境质量的前提下，重点解决该类建筑的采暖、通风、空调、制冷，以及锅炉房与换热站设备和系统的全年运行能耗高、费用高等问题，实现该类建筑的全年低能耗、低费用运行。该技术主要适用于具有中央空调系统和集中供热系统的民用建筑和工业建筑、城市集中供热锅炉房和换热站，不仅可以用于既有采暖通风空调制冷系统，而且可以用于新建工程系统。

该技术将国外先进的采暖、通风、空调与制冷系统优化运行技术与国内建筑及其系统的实际状况相结合，可有效保证建筑的新风量，降低"空调病"出现概率；同时，提高系统运行的可靠性。

该技术的节能效果总结如下。

- 商业建筑平均可实现40%以上的节能效果；
- 宾馆酒店类建筑平均可实现30%以上的节能效果；
- 办公类建筑平均可实现30%以上的节能效果；

- 通风、空调系统风机平均可实现 60% 以上的节能效果，部分负荷工况可实现 80% 以上的节能效果；

- 循环水泵平均可实现 70% 以上的节能效果，部分负荷可实现近 90% 的节能效果；

- 制冷机组平均可实现 20% 以上的节能效果；

- 冷却塔平均可实现 30% 以上的节能效果。

（二）商用节能低污染燃烧器

该项技术适用于中餐燃气炒菜灶、燃气蒸箱、燃气大锅灶。

技术指标：中餐燃气炒菜灶热效率达到 32%，烟气中一氧化碳含量 0.02%；燃气大锅灶热效率达到 53%，烟气中一氧化碳含量 0.03%。

经济指标：该项技术能提高商用燃具的热效率，其中中餐燃气炒菜灶节约 30% 以上的燃气耗量，烟气排放由 0.1% 降低到 0.02%；燃气大锅灶节约 20% 以上的燃气耗量，烟气排放由 0.1% 降低到 0.02%。改造后的商用灶具燃烧噪声由原来的 85dB（A）降到 65dB（A）以下，大大改善了厨房工作环境。

与国内同类型产品比较，由于采用了国内首创的金属红外燃烧技术，克服了陶瓷红外线板易碎的缺陷，大大延长了使用寿命。

目前，该项技术已经推向市场，2007 年至今，已经广泛应用于国管局和中直机关食堂的节能改造，共计 910 台（套），从适用性、节能性和耐久性均满足用户需求，获得了较高的评价。

（三）太阳热反射涂料

该产品适用于建筑外围结构、大跨度屋面、工业厂房、石油石化钻井平台、油气管道、储罐、户外基站、粮仓等。在石化、运输、建筑等民用与工业领域具有极高的应用潜力，能够满足其降温、节能、降耗、防腐等需求。

太阳热反射涂料技术基于航天热控涂层技术，具有高的太阳热反射率和辐射率，优良的耐候性和耐沾污性。通过工艺改进的太阳热反射涂料，使用年限在 15 年以上，兼具薄层、隔热的作用。

目前，太阳热反射涂料经过研发、小试、中试，已经进入产业化阶段，产品性能稳定，通过了国家建筑材料测试中心的检测，已经在北京市建筑工程研究院有限责任公司和济南钢铁股份有限公司得到了推广应用，反射节能效果明显，具有重要的推广意义。

2011 年 6 月下旬，北京京能恒基新材料有限公司对北京市建筑工程研究院有限公司的化工储罐进行了太阳热反射涂料滚涂施工，施工面积约为 1000 平方米，并对滚涂太阳热反射涂料和没有滚涂太阳热反射涂料的储罐进行了温度对比测试。使用结果对比明显：在储罐顶部，未滚涂太阳热反射涂料的储罐顶部温度在 60℃以上；滚涂太阳热反射涂料的储罐顶部温度为 37℃ 左右，温度降低了 23℃。上述结果说明，太阳热反射涂料具有良好的降温作用，可有效减少储罐内化工产品的挥发，降低损失，减少或代替喷淋降温，节约宝贵的水资源。

（四）新型直接/间接教室专用照明系统

新型直接/间接教室专用照明系统适用于学校教室和功能室，是具有国内领先、国际先进水平的教室专用照明系统。

2009 年以来，在新国标尚未实施、缺乏政策支持的情况下，凭借着技术和产品的优势，施亮教室专用照明系统在广州市区已发展了 60 多个中小学校用户，其中大部分为国家级示范高中或广东省一级学校，并在 30 多所学校建立了示范教室。光线更舒适柔和、天花板更明亮、教室空间感更强、外观更协调，视觉生理和心理的需求得到更好的满足，使学生视觉疲劳减轻、学习兴趣提升、注意力更容易集中。

截至 2011 年底，已成功建立施亮教室专用照明系统全面改造用户近 50 个，累计销售额近 400 万元，其中大部分为一流名校，且直接/间接教室专用照明系统应用效果良好，获得用户好评。

（五）新型节能保温墙材

新型节能保温墙材旨在解决传统烧结砖大量消耗煤炭和土地的问题。以淤泥为主要原料来制砖，不仅可以节约耕地，而且能够疏通河道、美化水域环境。研制成功的新型墙材——淤泥免烧砖，不仅强度高、耐久性好，且尺寸标准、外形完整、色泽均一，可做清水墙，也可以做任何外装饰。淤泥免烧砖的干燥收缩、抗冻质量损失、强度损失、抗渗性能、外照射系数、内照射系数均全部合格，能够广泛应用于多、高层建筑的承重和非承重墙体。

该产品是以电石渣、水泥、明矾为胶结料，淤泥、碎屑为骨料，电炉渣为填充料，再通过一定的操作规程及特殊的生产方法构成的新型外墙材料，通过技术创新很好地解决了淤泥利用和节约能源的双重问题，具有抗渗、抗裂、抗压、抗热阻、导热系数低、抗冻胀等综合能力。新型节能保温墙材已于 2010 年申请了国家发明专利，已在受理并实质审查状态中。

该产品已经通过江苏省权威检测部门检测认定，各项技术性能均达到国家规定的技术要求。

（六）城市热力网 PS 分流平衡供暖节能技术

城市热力网 PS 分流平衡供暖节能技术适用于城市集中供热系

统。它用结构相对简单的分流平衡器取代了传统的复杂结构的板式或管壳式换热器，由于减少了各级换热器带来的局部阻力损失，分级循环，从锅炉房内、外网至换热站的压力梯度比传统供热系统下降了两倍以上，大大降低了输热电耗，减少了因运行压力导致的安全隐患，延长了系统使用年限，适应分户计量改造后带来的供热负荷的剧烈变化形势，提高了系统供热效率，节约了能源。

2008 年以来，该技术已在山东 4 个区县试点应用，节能效果显著。经过近 4 年的运行统计，管网综合改造后热源厂及一次网循环水泵综合电耗指标为 $0.15W/m^2$，二次网循环水泵综合电耗指标为 $0.25W/m^2$，合计电耗指标为 $0.4W/m^2$，管网输热耗电率较全国同行业平均值降低 70% 左右，单位供暖面积循环泵耗电量平均指标为 1.5 度/平方米·年，改造投资成本为 5~8 元/平方米，投资回收期为 3 年左右；最重要的是极大地消除了热力管网水平失调度，提高了平衡供暖效果。

（七）高效节能纳米复合隔热玻璃涂层

该产品可广泛用于汽车、火车、飞机、船舶等交通工具的玻璃隔热和防紫外线，以及公共建筑及民用玻璃、太阳能玻璃等玻璃的隔热、保温和防紫外线。

高效节能纳米复合隔热玻璃涂层彻底解决了玻璃透明及隔热在

核心技术中的难题，有效解决了建筑玻璃的能耗与光污染问题。在玻璃节能方面，经过佳易德纳米涂层处理的高科技涂膜玻璃，可以更好地阻隔阳光对室内的直接照射，同时因为无反射，故不会造成光污染问题。涂膜可见光透过率大于 85%，红外线阻隔率大于 80%，紫外线阻隔率在 99% 以上，能显著降低室内温度 5～8℃，具有高效隔热节能的优点。

该技术在公共或民用上都能得到广泛应用。高效节能纳米复合隔热玻璃涂层获得了国家知识产权局颁布的第 870467 号发明专利，通过了国家建筑材料检测中心、国家建筑材料质量监督检验中心以及深圳市建筑科学研究院有限公司的检验。

（八）BKS 系列中央空调节能控制装置

BKS 系列中央空调节能控制装置适用于大型公共建筑及轨道交通站点中央空调系统的节能控制，包括已安装中央空调系统的节能改造及新建建筑中央空调系统的节能配套。该成果在保障建筑室内环境空气舒适性的基础上，最大限度地挖掘空调系统节能空间，实现空调能耗最低。

公司已经完成该项目产品的产业转化能力建设，形成 13 条仿真调试生产线，可实现年产 520 台（套）的生产能力。目前，公司已经完成了 1000 个项目的安装、调试和示范运行，取得了平均节能

29.58%、平均单项目年节电 67.8 万 kW·h 的良好节能效果。项目成果在上海地铁 2 号线、4 号线的 8 个站点投入运行后，一年可实现中央空调节能 260 万 kW·h，一年可为用户节约能耗支出 208 万元。

（九）新型建筑节能环保通风隔声窗

该成果可广泛用于民用住宅、商业写字楼、企事业办公楼，以及矿山、油田、电厂、化工厂、钢厂、水泥厂等有降噪要求的工厂厂房等各类建筑物上。目前，新型建筑节能环保通风隔声窗的科技成果已经在全国 6 个省、2 个直辖市、9 个地级市的近万用户中得到了推广应用。通过对安装该产品后的建筑室内环境噪声测量，室内外噪声级插入损失达到 40dB 以上，室内换气量达到 $35m^3$/人，可在保证室内通风换气要求的同时，给室内提供安静的声环境。安装该产品后，无需再实施额外的声屏障等噪声防治工程，可显著降低工程成本、节约钢材等工程材料以及各类施工费用。

万科地产、九龙仓地产等公司试用该产品后，普遍反映该产品隔声性能优良，对低频噪声的防治效果尤为明显，可明显降低室内噪声，提高室内声环境品质，保证日常工作、生活。同时，该产品能够满足室内通风换气的要求，无需安装额外的通风设备就可使室内空气条件舒适。

（十） 自动控制供暖节能项目

供暖节能控制系列产品是利用先进和成熟的微电子技术与工业自动控制技术开发的自动调节供暖装置。

该产品的功能是在现有采用集中供暖和自用锅炉供暖的管网系统中加装电子控制阀门（电磁阀或流量阀），通过对该阀门的控制，根据人员活动时间规律实现供暖和不供暖的自动控制，同时能够自动控制供暖期间的最高供暖温度和不供暖期间的保暖温度，使得在供暖期间室内温度过高时限制供应暖气，降低室内温度，保持舒适的人居环境；在不供暖期间防止室内温度过低和供暖管网结冻和冻裂；同时满足加班等特殊情况的供暖需求，确保能源的有效利用，提高供暖场所的供暖效率，达到节能减排、省钱增效的目的。

（十一） 客车车载网络与信息集成系统

客车车载网络与信息集成系统是指以客车为控制对象、以 CAN（controller area network，控制器局域网）总线为信息通道、以电子集成和网络集成为基础、以信息集成和控制集成为核心、以功能集成为目标、以集成设计为方法的一种实时网络控制系统。它在汽车电子控制技术、车载网络技术、嵌入式技术、传感器技术和智能控制技术等支持下，针对特定控制功能，实现客车各电子控制单元

（ECU）和电器装置的信息共享和关联实时控制，并最终达到整体提高整车功能和性能的目的。该成果可广泛用于柴油动力、天然气动力、混合动力等各种类型的城市客车、旅游客车和校车。

该成果通过综合分析节点配置方法、网络拓扑结构和系统控制模式，采用基于传统控制模式的客车车载网络与信息集成控制规则设计方法，解决了客车车载网络与信息集成系统总体方案设计问题；通过研究车辆信号和报文的时间特征，采用网络建模仿真技术，解决了客车车载网络与信息集成系统的实时性分析问题；基于 SAE J1939 协议，采用数据库管理技术，解决了客车车载网络与信息集成系统应用层协议设计问题；基于组件设计方法，采用"组件—ECU—系统"三级开发模式，解决了客车车载网络与信息集成系统开发问题；基于行业标准和硬件在环仿真测试技术，采用构建的环境性能测试系统和网络性能测试平台，解决了客车车载网络与信息集成系统性能测试问题。

（十二）电磁调控节电技术

电磁调控节电技术，使用了电磁调压、电磁移相、电磁平衡变换等技术，并且与微电脑智能控制电路组合，可实时监测电器负载变化的情况，根据当前电网实际参数，自动控制输出实际需要的功率，达到精确匹配，并且，多余的能量还可以反馈给电网，提高电器设备的功率因数，降低线路上的损耗，提高系统用电效率，增大线路容量，使电压平衡得到改善，减少电器设备附加损耗，延长电器设备的使用寿命，从而有效实现系统综合节电，大幅提高节电效率。

供电线路中的各种瞬变电流电压长期冲击会导致开关等接触性元器件上形成氧化性碳膜层，造成无谓的电力损耗。而如果使用基于电磁调控的节电设备，不仅可避免氧化性碳膜层的生成，而且已生成的氧化性碳膜层也可随使用而脱落，从而使节电效果在使用一段时间后更加明显。

目前，已有企业根据这种技术开发出了节电设备，只需将其插在插座上，就能达到省电、省钱的效果，据称省电能力在10%以上。

（十三）冰蓄冷中央空调系统

冰蓄冷中央空调系统就是在传统中央空调装置中，加装一套蓄冷设备，形成蓄放冷循环的空调系统。该系统的突出优点是，把不能储存的电能在电网负荷低谷时段转化为冷量（即循环水变成冰块）储存起来，在电网负荷高峰时段，不需启动制冷压缩主机，只需把储存的冷量释放出来，替代电力空调制冷，这样就可以大大降低高峰时的用电负荷。

（十四）高效节电照明技术

"绿色照明"是美国环保局于 20 世纪 90 年代初提出的概念。完整的绿色照明内涵包含高效节能、环保、安全、舒适等 4 项指标，每项都不可或缺。高效节能意味着以消耗较少的电能获得足够的照明，从而明显减少电厂大气污染物的排放，达到环保的目的。安全、舒适指的是光照清晰、柔和及不产生紫外线、眩光等有害光照，不产生光污染。推广绿色照明工程就是逐步普及绿色高效照明灯具，以替代传统的低效照明光源。以下是受到广泛推荐的几种节能照明产品。

（1）高压钠灯。该产品光效达 90～100 流明/瓦，比汞灯和白炽灯的光效分别高 2.5 倍和 7 倍。显色指数为 20，辐射光谱中紫外线成分少，不诱蚀，被照物体不褪色，色温只有 2100K，可用于街道、车站、广场及仓库照明。

（2）节能电子镇流器。40W、20W 电子镇流器和电感镇流器相比，从功耗上分别节约 6W、3W。家庭用一个 20W 电子镇流器年节电 20kW·h，商场用一个 40W 电子镇流器年节电 60kW·h。此外，电压低至 150 伏也能启辉并安全。

（3）金属卤化物灯。金属卤化物灯是高强度气体放电灯，光效高、寿命长、显色性能好、节电效果显著，适合于体育场、展览中心、大型百货商店、游乐场、街道及广场照明。日光色金属卤化物灯是国际上最新一代节能光源，显色指数为 65～90，适用于照明要求较高的各种场所的泛光照明。

（4）紧凑型节能荧光灯。该产品与白炽灯比，可节能省电80%，是绿色照明的重点推广产品之一；使用寿命为白炽灯的 3～12 倍，是无极灯的 15 倍，大大降低了维护费用；显色性强，被照物体呈现亮丽色彩；光效在 60 流明/瓦以上，比普通白炽灯光效高 4～6 倍；使用寿命在 5000 小时以上。

（5）日光色镝灯。镝灯属高强度气体放电灯，是金属卤化物灯的一种，是利用碘化镝、碘化铊的蒸气放电而发光的。它光效高、显色性好、亮度高，适用于电影、电视摄录，舞台追光灯，电脑灯等；也可用于彩色印刷、照相制版、晒版及其他光色要求高的场所。镝灯有球形、管形、椭球形等多种形状，可满足不同用途的需要，使用时需相应的镇流器和触发器。

（6）斯维奇节能开关。该产品采用世界名牌元器件和先进电子技术，带有指示灯方位，当需要照明时，用手轻轻一触指定方位，电灯立刻点亮，延迟一段时间后自动熄灭。该产品广泛用于楼道、建筑走廊、厂房、庭院等场所，是现代极理想的新颖、绿色节电照明开关，并延长灯泡使用寿命，使受控制的灯泡 3 年不会损坏，电压率在95%以上。

（7）细管径荧光灯管。细管径荧光灯管与粗管径荧光灯管相比，使用寿命延长 20%，在 8000 小时以上，光效增加 20%，节能 10%。

（十五）无功补偿节电技术

在电力系统中的变电所或直接在电能用户变电所装设无功功率电源，以改变电力系统中无功功率的流动，从而提高电力系统的电压水平，减小网络损耗和改善电力系统的动态性能，这种技术措施被称为无功功率补偿。无功功率指的是在交流电路中，电压 U 与电流 I 存在一相角差，电流流过容性电抗（XC）或感性电抗（XL）时所形成的功率分量。这种功率在电网中会造成电压降落（感性电抗时）或电压升高（容性电抗时）和焦耳损失（电阻发热），却不能做出有效的功。因而需要对无功功率进行补偿。

合理配置无功补偿（包括在什么地点、用多大容量和采用何种形式）是电力系统规划和设计工作中的一项重要内容。在运行中，合理使用无功补偿容量、控制无功功率的流动是电力系统调度的主要工作之一。

在交流电力系统中，发电机在发有功功率的同时，也发无功功率，它是主要的无功功率电源；运行中的输电线路，由于线间和线对地间的电容效应也产生部分无功功率，被称为线路的充电功率，它和电压的高低、线路的长短以及线路的结构等因素有关。电能的用户（负荷）在需要有功功率（P）的同时，还需要无功功率（Q），其大小与负荷的功率因数有关；有功功率和无功功率在电力系统的输电线路和变压器中流动会产生有功功率损耗（ΔP）和无功功率损耗（ΔQ），也会产生电压降落（ΔU）。它们之间有如下关系。

$$\Delta P = (P^2 + Q^2) R / U$$
$$\Delta Q = (P^2 + Q^2) X / U$$
$$\Delta U = (PR + QX) / U$$

式中，P、Q分别为流入输电线（或变压器）的有功功率和无功功率，U是输电线（或变压器）与P、Q同一点测得的电压，R、X则分别是输电线（或变压器）的电阻和电抗。

由此可见，无功功率在输电线、变压器中的流动会增加有功功率损耗和无功功率损耗以及电压降落；由于变压器、高压架空线路中电抗值远远大于电阻值，所以无功功率的损耗比有功功率的损耗大，并且引起电压降落的主要因素是无功功率的流动。

一般情况下，电力系统中发电机所发的无功功率和输电线的充电功率不足以满足负荷的无功需求和系统中无功的损耗，并且为了减少有功损失和电压降落，不希望大量的无功功率在网络中流动，所以在负荷中心需要加装无功功率电源，以实现无功功率的就地供应、分区平衡。无功补偿可以收到下列效益。

- 提高用户的功率因数，从而提高电工设备的利用率；

● 减少电力网络的有功损耗，合理地控制电力系统的无功功率流动，从而提高电力系统的电压水平，改善电能质量，提高电力系统的抗干扰能力；

● 在动态的无功补偿装置上，配置适当的调节器，改善电力系统的动态性能，提高输电线的输送能力和稳定性；

● 装设静止无功补偿器（SVS）还能改善电网的电压波形，减小谐波分量和解决负序电流问题。

● 对电容器、电缆、电机、变压器等，还能避免高次谐波引起的附加电能损失和局部过热。

无功补偿装置的无功电源除发电机和输电线外，主要有：并联电容器组，这是一种静态的无功补偿装置，用它进行的补偿被称为并联电容补偿；同步调相机；静止无功补偿器。后两者属于动态的无功补偿装置。

第三章　低碳社区关键技术推广应用机制

低碳社区建设的关键技术是在一定制度安排下推广和应用的，制度高于技术，政府作用、市场机制和广泛的公众参与是技术推广和应用的重要机制。

第一节　制度与技术的关系

（一）机制与制度

低碳社区关键技术的推广和应用是在一定的制度和机制下进行的。好的制度安排和畅通的运行机制，不仅可以推广应用现有的低碳技术，使其与居民的生产、生活结合起来，降低社区碳排放，而且还会创造出需求，推动低碳社区技术的成熟和扩展。反之，不好的制度安排不仅不能使现有的技术发挥效应，产生应有的效益，而且还会阻碍技术的进一步升级。

所谓机制，原指机器的构造和工作原理，生物学和医学通过类比借用此词，指生物机体结构组成部分的相互关系，以及其间发生的各种变化过程的物理、化学性质和相互关系。机制现已广泛应用于社会领域，在一个系统中，当某个环节发生变化，则通过一定的传导，使系统的其他部分自动、迅速地做出反应，调整原定的策略和措施，实现优化目标。

在社会领域，一定的机制是在一定的制度安排下运行的。制度是一个比较宽泛的概念，它指在特定社会范围内统一的、调节人与人之间社会关系的一系列习惯、道德、法律、戒律、规章等的总和。简单地说，制度就是要求大家共同遵守的办事规程或行动准则，或者，制度就是博弈（或"游戏"）的规则。

按照制度经济学家的划分，制度通常由社会认可的非正式约束、国家规定的正式约束和实施机制三个部分构成。①

非正式规则是人们在长期实践中无意识形成的，具有持久的生命力，并构成世代相传的文化的一部分，包括价值信念、伦理规范、道德观念、风俗习惯及意识形态等因素。

---

① 参见〔美〕道格拉斯·C. 诺思著《制度、制度变迁与经济绩效》，上海三联书店、上海人民出版社，1994，第 3 页。

正式规则又称正式制度，是指政府、国家或统治者等按照一定的目的和程序有意识创造的一系列的政治、经济规则及契约等法律法规，以及由这些规则构成的社会的等级结构，包括从宪法到成文法与普通法，再到明细的规则和个别契约等，它们共同构成了人们行为的激励和约束。

实施机制是实施的程序和过程，是指制度内部各要素之间彼此依存、有机结合和自动调节所形成的内在关联和运行方式。实施机制是为了确保非正式规则和正式规则得以执行，它是制度安排中的关键一环。实施机制的建立根源于：一是交换的复杂性，交换越复杂，建立实施机制就越有必要；二是人的有限理性以及机会主义行为倾向；三是合作者双方信息不对称，容易导致对契约的偏离。

非正式约束、正式约束和实施机制三个部分构成完整的制度内涵，是一个不可分割的整体。在制度经济学看来，正式约束可以在一夜之间发生变化，而非正式约束（如习惯）的改变却是长期的过程；一些正式约束可以从一个国家移植到另一个国家；但非正式约束由于内在的传统根性和历史积淀，其移植性就差得多。一种非正式约束，尤其是意识形态能否被移植，其本身的性质规定了它不仅取决于所移植国家的技术变迁状况，而且更重要的取决于后者的文化遗产对移植对象的相容程度。正式约束只有在社会认可，即与非正式约束相容的情况下，才能发挥作用。① 同时，制度的实施机制也非常重要。若实施成本非常高，制度便会流于形式。

制度不是给定不变的，它随着环境变化而变迁。制度变迁是指制度诸要素或结构随时间推移和环境变化而发生的改变，是制度的替代、转换和交易过程。制度变迁分为诱致性制度变迁和强制性制度变迁。前者是指个人和群体为追求自身利益而自发组织的制度变迁，它具有盈利性和自发性的特征；后者是指由政府主导的、自上而下强制实施的、由纯粹的政府行为促成的制度变迁。制度变迁是制度需求诱发的结果，但制度需求并非制度变迁的充要条件，制度变迁的完成有赖于制度供给的实现。

制度和制度变迁的理论旨在说明，在社会发展的历程中，制度规则起着至关重要的作用。在既定的制度框架下，既可以发生技术的进步，也可以阻碍技术进步。"技术的选择不是在孤立状态中进行的，它们受制于形成主导世界观的文化与社会制度。"② 制度的变迁通过使经济活动当事人基于成本和收益的考虑，使经济绩效发生变化。譬如，因从人民公社转变为"联产承包经营责任制"而引起中

---

① 参见卢现祥著《西方新制度经济学》，中国发展出版社，1996，第 26 ~ 27 页。

② 〔美〕丹尼尔·A. 科尔曼著《生态政治——建设一个绿色社会》，上海译文出版社，2002，第 31 页。

国农业的巨大进步；经济开放政策引起的中国东部地区经济的迅速崛起；等等。

由此看来，制度的作用就在于，通过成本与收益的比较，使理性的"经济人"（economic man），包括个人和组织进行选择，进而改变自己的行为。制度创新就是要通过创新社会博弈规则，使经济活动当事人按照制度设计者的意志调整自己的行为。

（二）制度高于技术

关于技术与制度的关系，传统的思想一直是把技术放在首要位置上，认为技术属于生产力的范畴，科学技术当然包括在生产力之中，[①] 而制度属于生产关系的范畴，生产力决定生产关系，经济基础决定上层建筑，技术变迁的变量主要表现为生产力，制度变迁主要表现为生产关系。技术进步与经济制度的矛盾冲突，以至于生产方式（即生产力和生产关系的矛盾运动）是经济组织乃至社会组织发展变化的基础。动态的技术和静态的制度的矛盾运动，导致了经济和政治制度的替代过程。

然而，在实际生活中，良好的制度安排非常重要。发展低碳经

---

① 参见《马克思恩格斯全集》第 46 卷（下），人民出版社，2003，第 211 页。

济，建设低碳城市和低碳社区，技术支持固然重要，但如果没有良好的制度安排，就不会产生低碳、节能减排、资源循环利用的理念；或者，即使有理念，也不会有行动；或者，即使有行动，也不会产生技术；或者，即使有技术，也会被束之高阁。制度的重要性在于它通过诱致性或者强制性力量使经济活动当事人在比较成本和收益后，基于自身收益的最大化，按照低碳发展的要求来调整自己的行为。因此，低碳城市、低碳社区的建设必须要以一定的技术为支撑；而制度建设更为重要，制度高于（先于、重于）技术，一定的制度安排可以使经济社会活动主体基于自身利益考虑而改变自己的行为。

随着人类对生态环境认识的加深，环境保护的手段不断拓展和深化，从强调政府规制过渡到基于市场的政策设计，日趋成熟。同时，公众参与机制也不断发展，为环境管理提供了新的路径。因此，在低碳技术的推广应用中，制度建设非常重要，它通过市场、政府和公众参与得以实现。

第二节 技术推广应用的市场机制

（一）市场机制的含义

市场机制（market mechanism）是市场运行的实现机制，是通过市场价格的波动、市场主体对利益的追求、市场供求的变化调节经济运行的机制，是市场经济机体内的供求、竞争、价格等要素之间的有机联系及其功能。在市场机制中最重要的是价格机制，就是价格在整个市场运行中起到关键性的作用。

价格的作用表现在：它是资源稀缺程度的反映；它是一种促使人们从事生产，并发现新的生产可能性的激励因素，价格上涨，就会抑制消费、扩大生产，而价格下跌，就会刺激消费、抑制生产；同时，价格还是经济活动参与者相互沟通信息的方式，它是协调每一个经济主体经济行为的自动信号系统。

市场机制有很多优点，它的反应比较敏捷，市场机制近乎无穷多的市场主体随时都在关注着市场信息，所以市场的微妙变化容易被捕捉到；同时，每一个主体根据自己获得的信息进行自己的判断，采取不同的策略，导致了市场策略的多元化特征。

经济学的始祖亚当·斯密曾经非常精辟地把市场机制称为一只"看不见的手"。① 在斯密看来：第一，利己心和竞争的作用使产品的价格和成本不致离谱太远，产品的高价和低价、产品的暂时过剩和暂时短缺都是一种"自疗性疾病"；第二，市场价格信号会诱使生

---

① 〔英〕亚当·斯密：《国民财富的性质和原因的研究》，商务印书馆，1972，第 13～14 页。

产者生产社会所需要的东西，生产和需要之间可以自动达到平衡；第三，市场既是经济自由的基础，又是人类活动的监工，也就是说，每个经济活动当事人都可以在市场上随心所欲，但一旦违逆了市场规律，其结果就是自取其败，必然是经济上的毁灭。

市场经济的各个功能，如调节资源配置、传递市场信号、促进技术创新、调节收入分配、降低交易成本等，都是通过市场机制实现的，在一个国家，市场机制是经济成长过程中最重要的驱动因素。

（二）市场机制在低碳技术推广中的作用

在低碳社区关键技术的应用和推广中，要充分发挥市场机制的作用。一方面，要使技术研究和开发方能够在补偿成本后获得利益，发挥其积极性，促进技术进步；另一方面，要使技术的使用方能够增加效用，获得消费者剩余，使技术使用方在低碳技术和传统技术的比较中，基于自身利益的考虑而更加乐意使用低碳技术及其产品。

对社区消费者而言，他们关注的是比较收益。这可以从两个方面来理解：其一是价格，当低碳技术及其产品的价格更低廉时，消费者就会更倾向于使用该种技术及其产品；其二是便利，当该种低碳技术及其产品使用更便利时，消费者的时间成本会更低，将获得更多的机会收益。因此,利用市场机制来推广和应用低碳社区建设关键技术,就是要使社区居民在使用该技术时获得利益和便利,使他们在关心自身利益的驱动下,自觉地关注社区低碳技术的应用和推广。也就是说,如果用典型的市场关系来考察,则价格和相对价格越低,市场需求就越大,技术的应用和推广便越顺利;如果市场价格或相对价格高,市场需求就会减少,从而技术的应用和推广便越不顺利。

基于此,低碳社区关键技术的推广应用,应做到以下几点。

第一,要根据市场定位选择合理的技术和标准。推广和应用低碳社区关键技术,要考虑到社区居民的收入和购买能力,不是技术越先进越好,而是要先进适用,要找到适合于社区居民需要的技术和标准。

第二,要系统化设计。推广和应用低碳社区关键技术,要有系统的设计和考虑,不能顾此失彼。其实,低碳社区的建设是一个系统工程,是环环相扣的,要在社区建设中实现总体低碳,而不是某些方面非常低碳,另一些方面则是高碳排放。

第三,要就地取材。技术的使用通常需要一定的物质条件支持,技术可以是物质(如机器、硬件或器皿),也可以包含更广的架构(如系统、组织方法和技巧)。因此,基于成本收益的考虑,技术的推广应用不应该舍近求远,要就地取材,把成本降到最低。

（三）合同能源管理

实行合同能源管理（energy performance contracting，EPC）是一种新型的市场化节能机制，是以减少的能源费用来支付节能项目全部成本的节能业务方式。

根据《中华人民共和国国家标准合同能源管理技术通则》的定义，合同能源管理是以减少的能源费用来支付节能项目成本的一种市场化运作的节能机制。节能服务公司与用户签订能源管理合同，约定节能目标，为用户提供节能诊断、融资、改造等服务，并以节能效益分享方式回收投资和获得合理利润。合同能源管理可以显著降低用能单位节能改造的资金和技术风险，充分调动用能单位节能改造的积极性，是行之有效的节能措施。

合同能源管理机制的实质是一种以减少的能源费用来支付节能项目全部成本的节能投资方式。这种节能投资方式允许用户使用未来的节能收益为用能单位和能耗设备升级，以及降低的运行成本。实施节能项目的企业（用户）与专门的盈利性能源管理公司之间签订节能服务合同，有助于推动节能项目的开展。

合同能源管理是市场经济下的节能服务商业化实体，它不是一般意义上的推销产品、设备或技术，而是通过合同能源管理机制为客户提供集成化的节能服务和完整的节能解决方案；同时，它不一定是节能技术所有者或节能设备制造商，但可以为客户选择并提供先进、成熟的节能技术和设备。

很显然，合同能源管理是基于市场化管理的形式，是甲方与乙方的市场关系。为规范合同能源管理服务合同，国家质量监督局和国家标准化管理委员会已经发布《合同能源管理技术通则》的 GB 国家标准，已于 2011 年 1 月 1 日起实施。同时，中国标准化研究院等单位起草的《节能量测量和验证技术通则》国家标准，已于 2011 年 12 月通过审查，该技术通则主要是解决节能量的计算问题。

目前，以合同能源管理形式为主的节能减排与低碳发展服务业已成为国际上先进的能源管理和环境管理模式。据统计，在美国已有专业化节能企业 1200 家，有些公司已形成跨国集团，仅纽约州年营业额就达到百亿美元，服务客户已经由企业扩大到机关、学校和私人住宅。[1] 据测算，中国仅节能市场规模就大于 1000 亿元，市场前景广阔，在上海、重庆的推行都取得了好的成效。[2]

在中国，虽然在节能环保和低碳生活中开始重视市场的作用，但"经济靠市场、环保靠政府"的观念仍然根深蒂固，在节能环保和低碳领域市场作用发挥得仍然不充分。在日本，节能减排服务业

---

① 刘文俭：《节能降耗减排的基本路径》，《红旗文稿》2007 年第 12 期。
② 张昌彩：《节能降耗要更加注重运用市场机制》，《中国科技投资》2007 年第 7 期。

发展迅速，承担了生产企业节能减排的设计和改造工作，向生产企业提供诊断、设计、改造、运行监测和管理等一条龙服务，被称为企业的"节能减排医生"。这种第三方参与的方式不仅弥补了节能减排过程中自身人力资源和技术的缺乏与不足，也避免了投资和技术风险。此外，节能减排服务业的专业化分工有利于规模经济，最重要的是节能减排服务业的竞争性发展，有利于降低整个社会的节能减排成本，提高效率。

（四）市场机制的局限

尽管市场机制在技术推广应用中作用很大，但就其本身而言，它并不是尽善尽美的，因为还存在市场失灵，致使市场无法有效地配置资源，必须依赖于适度的政府干预予以纠正。政府干预主要集中在界定环境产权、制定环境目标和理顺价格体系等几个方面。

在节能减排与低碳发展领域，理顺价格体系是市场机制发挥作用的前提。政府制定的排污费用便是环境价格最直观的表现。税费标准的动态调整可有效地控制污染物的排放量，但是并不能禁止污染物的排放，而危险的大气污染物则需要"充分的安全边际"水平，在这种情况下，税费标准就很难实现零排放的环境目标。此外，如果信息不充分，管理者就无法准确地判断边际收益等于社会成本的均衡点处于何处，很难确定一个合理的税费水平，征税有可能使资源配置扭曲。

一般来说，当环境的边际成本在各行业和企业间差异较大，试图引导成本较低的企业承担更多的减排任务时，与传统的政府管制相比，基于市场的政策工具往往是更有效率的。依托供求机制发挥作用的可交易许可证制度也不可避免地存在上述问题。

尽管如此，设计适当的市场类工具，通过市场信号引导污染削减成本最低的企业承担更多的污染削减量，趋向于使各厂商污染削减的边际成本相等，以较低的社会成本实现环境目标，具有低成本、高效率的特点。

此外，市场信号能够有效地激励厂商研发和应用更为经济和成熟的技术，促进技术革新。节能减排与低碳发展服务业的发展无疑提高了社会的节能减排与低碳效率。所以，市场机制低成本、高效率的特点足已使其成为推进节能减排与低碳发展机制中最重要的手段。

第三节　技术推广应用的政府推动

（一）政府推动的必要性

由于市场机制的应用存在局限性，低碳技术的推广与应用还需要政府的强有力的推动。在现代社会，政府的作用主要体现在容易产生"市场失灵"的领域和私人力量不愿意进入的领域，对私人力量不愿意进入的或者单个私人力量难以办好的方面，政府需要直接进入或者以适当的方式促成私人进入。与依赖"看不见的手"的市场机制不同，政府是节能减排和低碳发展目标、政策等的制定者与推进者，是节能减排与低碳发展的引擎，掌控着国家整体节能减排与低碳发展的节奏与路径。在目前世界各种类型的国家中，政府主导的节能减排与低碳发展行动普遍存在。

在经济学家看来，政府力量具有市场力量无法媲美的强制性特点。① 制度经济学强调制度变迁，它是指制度诸要素或结构随时间推移和环境变化而发生的改变，是制度的替代、转换和交易过程。制度变迁分为诱致性制度变迁和强制性制度变迁。前者是指个人和群体为追求自身利益而自发组织的制度变迁，它具有盈利性和自发性的特征；后者是指由政府主导的自上而下强制实施的、由纯粹的政府行为促成的制度变迁。

对于低碳社区技术的推广与应用，单纯的市场机制作用有限，这就必须通过政府的力量来促进和推动。但在市场经济条件下，政

---

① 〔美〕斯蒂格利茨：《发展与发展政策》，中国金融出版社，2009，第369页。

府不是完成节能减排与低碳发展任务的主体，它仅仅起到引导、监督与制裁的作用，如何对节能减排与低碳发展各类"主体"产生有力的约束才是发挥政府力量的核心。政府的作用就在于，通过一定的制度安排，使各类市场主体基于自身经济利益的考虑而自觉地采用节能减排和低碳技术。

所以，要充分发挥政府力量推进节能减排与低碳发展的作用，就必须依靠良好的约束与激励机制，不仅对企业、学校、家庭等节能减排与低碳发展主体，也要对政府自身的节能减排与低碳发展工作给予约束，这样才有助于发挥政府的引领、推动与制度保障作用。

（二）政府推动的实施机制

追求利益最大化是经济主体的根本目的，只有当节能减排与低碳行动的收益能弥补成本时，经济主体才会自主实行节能减排与低碳行动，否则，只能是出于缺乏约束性的单纯社会责任的考虑。因此，要在个人利益的基础上，嵌入政府的意图，使各类市场主体在考虑个体利益时，要考虑到政府所设定的"参数"，在实现个体利益的同时，实现社会利益。

事实上，节能减排与低碳行动成本与收益失衡是导致经济主体节能减排与低碳行动动力不足的主要原因。节能减排与低碳行动的成本主要是为避免缴纳税费而进行的技术改造和升级，而收益体现在少缴纳的税费，后者相对来说较为隐性，加上政府监管的局限性，可能会诱发企业的道德风险，消极应对也不失为一种选择。因此，尽管政府力量具有强制性，但对经济主体而言毕竟是外部约束力量，这就需要政府在经济主体节能减排与低碳行动的权益保障和盈利性方面有所作为，引导经济主体将节能减排与低碳行动的经济利益结合起来，实现内在动力的激活。①

表 3 - 1 简单模拟了政府与经济主体之间的博弈过程。假设经济主体利益为 π，承担成本为 C，若被发现污染则将受到处罚，设承担处罚的成本为 C'，政府监督的成本为 S，造成的社会损失为 L，其中 π，C，CS，L 均大于 0。

表 3 - 1 博弈收益矩阵

收益		社 会	
		政府监督	政府不监督
经济主体	排污	$(\pi - C',\ C' - L - S)$	$(\pi,\ -L)$
	治污	$(\pi - C,\ -S)$	$(\pi - C,\ 0)$

可以看出，在明确经济主体不排污（或治理后排污）的情况下，政府环保部门选择不监督政策的社会收益最大；但在经济主体采取排污的情况下，政府环保部门是否采取监督措施取决于监督下、不

---

① 国家发改委资源节约和环境保护司：《完善促进节能减排的体制机制——促进"十一五"节能目标的实现》，《中国经贸导刊》2007 年第 8 期。

监督下社会收益的比较，仅当 $C' - L - S \geq -L$，即对经济主体的罚金要高于政府监督成本 $C \geq S$ 时，监督才是可行的。对经济主体而言，当政府不监督时，排污无疑是最佳选择；当政府监督时，是否排污则取决于 C 与 C 的大小，仅当 $C \geq C$ 时，经济主体才会积极地治污。在节能减排和低碳背景下，抑制经济主体排污是必然的，政府监督是前提，这就要求 $C \geq C$，也说明高的处罚标准有利于治污。

有研究显示，中国现行的排污费标准偏低、行政处罚力度不够，这在客观上纵容了企业排放污染物，未能有效促进企业在污染防治设备、设施、工艺等方面进行投资。[①]

（三）政府推动的效果

在低碳城市和低碳社区建设中，低碳技术的推广应用离不开政府的强有力推动。

首先，最重要的是政府的方向性指导，政府通过构建低碳社区建设的评价指标体系，引导社区建设，引导低碳技术的应用。

其次，离不开对低碳技术应用的相关知识了解，因为低碳社区的建设深入居民的日常生活，涉及各个年龄段、文化和知识层次的

---

① 王绪龙、张红：《环境治理供给的博弈分析与对策》，《理论学刊》2008 年第 3 期。

人，必须简捷明了，必须是"傻瓜型"的技术。

最后，技术的提供者和生产企业有责任提供有质量保障的技术和产品，使居民能够感觉到新的低碳技术和相关产品经久耐用、质量有保障。其实，中国经过 30 多年的改革开放，已经从短缺时代进入物质丰裕的时代，各种产品琳琅满目，西方发达国家有的产品和服务，在中国都能找到，国家需要靠扩大需求来保持经济增长。然而，产品丰裕的背后是质量问题，许多产品和技术与发达国家相比较，"形"似而"神"不似，质量没有保障，生产者不负责任，直接影响了消费者的信心。

但是，在政府推动的过程中，由于政府官员也不是"由更加纯洁的泥巴"做成的，他们也有趋利的动机，从而使政府的政策发生扭曲，也就是存在"政府失灵"的现象。本来，一项良好的政策在执行的过程中走了样，使政策失效。对此，一个典型的案例是云南省大理市政府主管部门参与安装餐饮行业油烟净化器的事件。

据央视《焦点访谈》披露，① 大理餐饮商户被云南省大理市环保局要求安装指定的油烟净化器，同时，餐饮商户还得到了一份油烟净化器生产厂家的名单，如果不买这些厂家的产品，环保局就不

---

① 《大理要求无油烟餐馆装高价油烟净化器：放屁都是污染》，凤凰网，
　　http://news. ifeng. com/mainland/detail_ 2013_ 01/09/21015720_ 0. shtml。

发放污染物排污许可证，就会导致工商年检无法通过，商家就要关门。而几个被指定的厂家，有的连厂址都找不着，价格还比市场上贵了一倍多。据了解，为了保护环境，让本地居民和外来游客感受大理优美的自然风光，大理环保局从 2011 年 12 月开始，要求辖区内的餐饮业必须安装油烟净化器，甚至没有油烟的餐饮经营场所也要安装油烟净化器（如咖啡厅、豆腐坊）。对此，大理环保局认为"只要有人的地方就有污染，放个屁都是污染"。但是，据商户反映，大理市环保局要求安装的油烟净化器的价格比市场上的价格贵很多。为了证实餐饮经营者反映的情况，记者到互联网上查询油烟净化器的价格，发现在大理花 3800 元购买的 4000 风量的油烟净化器，同品牌、同型号的产品，在网上仅需要 1000 元左右。

由此看来，由于政府的任何经济活动都不是在真空中进行的，任何决策都会受到来自多方面的影响。经济学家认为，由于政府的决策总会产生一定的社会效应，影响到市场经济活动主体的经济行为，给一部分人带来好处，因而，社会上就总有一些人，他们采取各种手段，如游说、"院外活动"、买通政府官员等方式，使政府的政策做出有利于他们的某种倾斜。这样，就出现了政府用行政命令方式建立的各种各样的、可以被一部分人攫为己有的"租金"，而当政府设立各种限制性条件和关卡时，其官员也会大受其益。所以，经济学家用"政府管制俘虏理论"（capture theory of regulation）来解释这种现象，即所谓的管制者被被管制者所"俘虏"。①

在这个过程中，政府的管理机构及其官员以公共利益为旗号，但往往又偏离了公共利益。1982 年诺贝尔经济学奖获得者乔治·施蒂格勒曾指出："天堂里的天使并非个个好模样。"② 他认为，"经济管制理论的中心任务是解释谁是管制的受益者或受害者，政府管制采取什么形式和政府管制对资源分配的影响"。通过实证研究得出：受管制产业并不比无管制产业具有更高的效率和较低的价格。施蒂格勒认为，企业作为一种利益集团，对政府管制有特殊的影响力；政府管制者有各种利己的动机；政府的基本资源是权利，利益集团能够说服政府运用其权力为本集团的利益服务；政府管制者运用自身的权力在社会各利益集团之间再分配利益；政府管制是特定利益集团的一种收益来源，是为适应利益集团实现收入最大化所需要的产物。

其实，在现实中，管制者常常被拖入被管制者的阵营，行贿和贪污腐化当然会造成这种情况的发生。但是，更加可能的情况是，随着时间的推移，被管制行业的雇员与政府官员在长期的交往过程

---

① Viscusi, W. Kip, Vernon, M. John, Harrington, E. Joseph, Jr., *Economics of Regulation and Antitrust* (The MIT Press, 1995).

② 〔美〕施蒂格勒：《产业组织和政府管制》，上海三联书店，1989，第 181 页。

中建立了私人友谊，由于这些被管制行业的雇员掌握着管制者所需要的各种信息，所以，管制者就会在某种程度上依赖于这些被规制行业雇员的专长和判断。更为严重的是，管制机构出于自身的需要，愿意从被管制行业中招募自己的雇员，基于同样的道理，那些被证明"熟悉"该行业的管制官员在他们离开政府部门后，可能会在该行业得到一份工作，以作为"酬劳"。①

由此看来，尽管市场机制存在着这样或者那样的缺陷，但政府推动并不是它的理想替代物，政府推动也会出现许多弊病，这就使得干预效果大打折扣。所以，在对市场机制进行干预、发挥政府力量时，科学地界定政府的行为是绝对必需的。

第四节　技术推广应用的公众参与

（一）公众参与的含义

公众参与是指社会群众、社会组织、单位或个人作为主体，在其权利义务范围内有目的的社会行动。公众参与是推进可持续发展的一个原则，它的基本含义可以从以下三方面理解。

---

① 〔美〕斯蒂格利茨：《经济学》（上册），中国人民大学出版社，1997，第389页。

第一，公众参与是一个连续的双向交换意见过程，它是增进公众了解政府机构、集体单位和私人公司所负责调查和拟解决的环境问题的做法与过程。

第二，政府机构将项目、计划、规划或政策制定和评估活动中的有关情况及其含义随时完整地通报给公众，使公众充分了解、参与，并完整表达自己的意愿。

第三，对于设计项目决策和资源利用、比选方案及管理对策的酝酿和形成、信息的交换和推进公众参与的各种手段与目标，积极地征求利益相关方的意见和感觉，使其意愿能够充分表达。

公众参与是可持续发展的原则，也是民主社会建设的一个原则，它通过政府部门和开发行动负责单位与公众之间双向交流，使利益相关方能参加决策过程，由此防止和化解公民和政府机构与开发单位之间、公民与公民之间的冲突。

近年来，伴随着中国社会转型，利益多元化格局日渐明显。多元化利益通过多种形式进行表达、沟通、交涉的制度化安排，正成为越来越迫切的社会需求。公众参与理念的兴起和实践展开，正是对这种社会需求的一种回应。目前，提倡公众参与理念、推动公众参与实践、支持公众参与活动、观察和研究公众参与进程中的问题、促进公众参与制度建设，既得到了自上而下的鼓励，也受到了自下而上的推动。可以说，公众参与的兴起，是中国社会体制变革的契机。

社会力量推进低碳发展节能减排以及相关技术的推广应用,公众参与是非常重要的一环。

公众参与最早出现在企业管理的行为科学中,后被引入环境管理领域,最初应用于环境影响评价。到 20 世纪 80 年代至 90 年代末,公众参与环境管理模式已经得到了全世界绝大多数国家的支持和认可,建立公众参与评价体系与实证研究逐渐成为研究热点。[①] 虽然有实证研究结果表明,公众参与增加了决策的成本,降低了决策效率,但这种反对声并未阻止公众参与环境保护的实践进程,而是加快了人们思考如何使公众参与更为有效的步伐。

(二) 公众参与的重要性

公众参与对节能减排与低碳发展的意义是多重的。

一方面,节能减排与低碳发展固然与经济发展阶段、工业化和城市化程度、能源结构等密切相关,但巨大的人口基数所导致的衣食住行等生活能源消费和温室气体排放却不容忽视,这也是社会力量应参与节能减排与低碳发展、发挥潜能最直接的原因。在日常生

---

① 王凤:《公众参与环保行为的影响因素及其作用机理研究》,西北大学博士学位论文,2007。

活中，公众选购节能家电、节水器具和高效照明产品，减少待机能耗，拒绝过度包装等行为，尽管多是节约几度电，但是巨大的人口基数也决定了累计起来数量将是惊人的。据统计，若养成随手关灯的好习惯，每户每年可节电 4.9kW·h，相应二氧化碳减排 4.7 千克；若中国 3.9 亿个家庭都能做到，每年可节电约 19.6 亿 kW·h，二氧化碳减排 188 万吨。[①]

另一方面，随着消费者需求观念的转变和提升，能效标签等环保标识将发挥更好的引导作用，促使消费者降低对高能耗、高污染、高排放产品的购买与使用，加速产品的更新换代，进而对企业生产也起到了积极的引导作用，达到了政府管制的效果。

具体而言，公众参与的作用主要体现在以下三个方面。

第一，践行绿色的生活方式，降低生活能源消费及有害物质排放，形成资源节约和环境友好的局面。

第二，参与节能减排与低碳文化建设，努力提高社会的环境道德水平，形成有利于节能减排与低碳发展的良好社会风气，对产品的提供者——企业树立环境保护意识、承担社会责任，形成正向压力，肯定"低能耗、低污染、低排放"型企业的社会价值。

---

① 科学技术部社会发展科技司、中国 21 世纪议程管理中心：《全民节能减排实用手册》，社会科学文献出版社，2007。

第三，监督政府、企业行为，避免违规生产和操作，保证法律、法规、政策的贯彻落实，提高政策效率。

公众参与是以良好的环保思想为基础的自觉行为，是工业化过程达到一定高度，人们无法忍受环境污染、恶化，对改善环境的诉求越来越强烈而采取的带有反省意味的自我保护行为。

尽管社会文明的进步与发展使人们的环保意识不断加强，但这种意识产物却很难对个人行为产生像政府管制一样的有力约束，同时也不具备像市场力量一样的以利益最大化为导向的激励作用。

"2010 年中国公众环保指数"[①] 的调查显示：一方面，86.8% 的公众认为现阶段中国环境问题"非常严重"和"比较严重"，对环境污染、垃圾处理、污水处理等宏观环境问题关注程度超过了 80%；另一方面，70% 的环境污染关注者并未采取积极的环保行为，在调查的 20 项环保行为中，近半的环保行为采取率都在 30% 以下。这说明中国公众对环保关注程度很高，但参与不强，即公众环保知行不一。此外，在环保问题的责任归属上，72.3% 的公众认为应该由政府负责，而忽视公众参与对环保的作用。换言之，环境问题已经引起绝大多数公众的注意，但公众很少落实或参与环保行为。可见，

---

① 《2010 中国公众环保指数发布　公众环保行为无突破》，新浪环保，http://green. sina. com. cn/2010 - 10 - 12/144521259694. shtml。

公众参与这种基于环保意识的自觉行为相对来说更加软弱。

图 3 - 1 显示了公众参与的影响因素和机理。

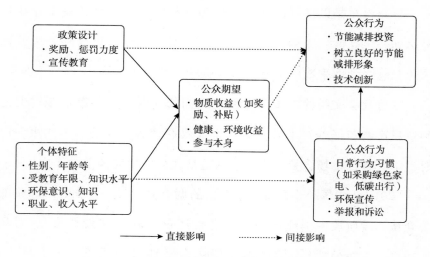

图 3 - 1 公众参与节能减排的影响因素及行为选择

物质奖励等公众预期收益是公众行为选择最直接的决定因素，而奖惩力度等政策设计和知识水平等是影响这一因素的关键原因，企业行为也对公众行为有一定影响。所以，合理的政策设计与良好的环保意识对推动公众参与至关重要。但人们在权衡行为的成本和收益时，对健康收益、生活质量改善等考虑的很少，理性选择的结果多半是不参与节能减排与低碳发展活动，除了在有一定物质奖励或惩罚预期的情况下，加之"搭便车"的心理，很难实现个体行为与集体行为的统一。这在一定程度上解释了中国公众"关注却不参与"的环保行为，也说明激励与惩罚的政策设计仍旧是推动公众参与的主要动力。

因此，通过新闻媒体、培训等途径加强对节能减排制度、典型案例的宣传，使公众充分认识到节能减排的重要性和紧迫性，增强参与节能减排的责任感和自觉性固然重要，但是有效的激励与惩罚制度是扭转公众"关注却不参与"局面的关键。

（三）公共参与推进社区低碳技术应用

由于社区低碳技术拥有大量复杂信息，如技术本身的不确定性、市场不确定性，以及次生危害发生的不确定性，信息不对称状况显著，公众对快速发展的低碳相关技术难以形成客观和统一的认知，低碳技术的推广与应用具有一定风险。因此，在社区低碳技术的选择和推广中，要充分关注公众对特定技术的认知程度和认知偏好。

公众的低碳技术认知非常重要，认知是人类如何辨别知识、学习和储藏知识，以及如何恢复利用知识的过程，它分为感觉输入的转换简化、储存、恢复和运用的所有过程。技术的公众认知是指一般公众对特定技术或技术应用的特点以及影响所形成的主观判断，通常通过偏好程度表示。通常情况下，低碳技术在社区中的应用受到如下因素影响。

首先是居民收入水平。收入水平高，抵御新技术使用带来的风险的能力也就越高，在同等条件下，就有可能更加倾向于使用新技术。对社区居民来说，低碳技术的使用，毕竟是要有一定的花费，甚至还很高，必须要有一定的财力支持。当居民收入水平提高以后，就有了使用低碳技术的物质基础，因而收入水平是低碳技术应用需求方的首要因素。

其次是低碳技术发展的信息。社区居民对低碳技术的信息了解主要是通过电视、大众媒体、社会网络、学校等。政府和企业通过一定的渠道，发布相关的低碳技术发展信息，引导居民在实际生活中具体应用。

再次是政府的推动力度。政府推进的力度直接影响着社区低碳技术的推广应用，政府的推动可以是强制性的，如对新建社区定出低碳技术的使用标准，对老社区低碳技术的使用也提出相应的标准，这种强制性主要表现在制裁上。政府的作用也可以是诱致性的，通过一定的利益诱导，使居民基于增加自身利益而使用低碳技术。

最后是社区居民自身的特质。低碳技术的使用还有一个非常重要的影响因素，就是社区居民自身，居民的家庭结构、文化层次、个人偏好（如喜好风险、厌恶风险或风险中性）等都会影响低碳技术的推广和应用。一般来说，年轻型结构、高文化层次、喜好风险的家庭更容易使用新的技术；反之，则相对趋于保守。

第四章　低碳社区关键技术推广
应用存在的问题

为了推进低碳社区的建设，国内许多城市的政府和社区做了大量工作，在对北京市、武汉市、杭州市的实际调研中，发现有许多有创意的想法具有重要的推广价值。譬如，武汉市江岸区将雨水收集用于洗车和城市园林绿化；北京市石景山区八角社区独创了"自助绿化"模式，建成了北京首个"乡土植物园"，安装了人造喷雾和雨水收集装置，既节能减排，又美化了社区环境；为了减少城市交通拥堵，武汉市推出公用自行车并实行有效管理，为近距离的工作和生活提供了极大的方便；为了做到节能减排，政府和社区进行了大量的宣传工作，武汉市的一些社区开展了"以小带大"（学生带动家长节能减排）活动；再如，杭州市"公园式"的城市垃圾处理；等等。但是，城市节能减排工作、低碳社区建设、低碳技术的应用和推广也是困难重重的，还存在着许多问题影响着低碳社区建设工作的进一步深化。

第一节　增量与存量之间存在矛盾

在低碳社区建设中，首先面临的是城市存量部分（原有部分）和增量部分（新建部分）之间不一致、无法同步推进的问题。相应的关键技术也存在增量改进和间断突破的问题。现有的各种技术应用和新工艺的开发研究属于增量改进，倾向于强化现有技术的轨道，而间断突破的目的在于发展那些与现存技术体系割裂的创新。它要求确定未来需要达到的技术目标，然后指导现有的技术向既定的方向发展。

（一）沉没成本问题

技术的生命力在于应用，在低碳社区建设中，低碳技术往往应用于增量中，对存量来说，在改进中常常受到经济利益的制约，而这种利益关系首先表现出的就是沉没成本。

在社区的新建筑物通常都按照低碳的要求，充分考虑选用节能建筑材料和能源效率的提高，充分利用太阳能；而旧建筑物由于是历史的产物，在设计和建筑之时，没有考虑节能减排要求和标准，而要进行改造和重新设计则要付出很高的成本，进而形成新的浪费。

通常情况下，在建筑物中存在着很高的沉没（沉淀）成本，它是指由于过去的决策已经发生了的，而不能由现在或将来的任何决策改变的成本。一般意义上，人们在决定是否去做一件事情时，不仅是看这件事对自己有没有好处，而且也看过去是不是已经在这件事情上有过投入。因此，把这些已经发生的不可收回的支出，如时间、金钱、精力等称为沉没成本（sunk cost）。沉没成本可以产生不可逆行为和滞后效应，滞后效应以不可逆效应为特征，这是沉没成本带来的调整障碍。

在有沉没成本的情况下，存量建筑的低碳改造意味着在后来的负投资（投资转移、退出）时需要承担沉没成本。同时，沉没成本对退出有阻碍。这时，投资者将面对后来再投资或重新进入的沉没成本：沉没成本越大，面对沉没成本的可能性越大，负投资（退出）的激励越小。这表明，沉没成本会减少负投资和退出的激励，构成退出壁垒。因而，在这种情况下，很容易出现投资过度。

在社区改建或应用新的低碳技术时，初始技术的投资越多，所造成的沉没成本就越多，从而新的低碳技术的使用障碍就越大。

（二）建设标准问题

城市新社区通常按照新的建设标准，符合低碳和节能减排要求，而旧城区则缺乏这种标准。不仅如此，一些旧城区还有许多有历史价值的遗迹，需要处理好保护与改造的关系。旧城区还有一个显著特点，就是与老建筑相对应的老年人居多。这就使新城区和旧城区在推进节能减排方面存在显著差别。

譬如，武汉市江岸区百步亭社区曾获得过"中国人居环境范例奖"，被称为"绿色社区""安全港湾""温馨家园"。作为武汉市最大的普通居民社区（现已入住近10万人），百步亭社区居民向全市家庭发出倡议——每个人都从身边做起，做好"家庭节能六件事"：使用节水型洁具、使用节能型电器、使用无磷洗衣粉、购物重拎布袋子、过度包装要拒绝、注意一水要多用，还应积极参与社区垃圾、废弃物的分类和回收。由于社区各个方面都是全新的设施，节能减排工作推进起来比较容易，受到了广大住户的热烈响应，使百步亭社区成为低碳社区建设的一面旗帜。而在另一社区——杨子社区，由于都是老建筑，虽然也采取了一系列措施，但节能减排工作的推进举步维艰。由于社区内住户多为老年人，他们"搞不清"（不能理解）许多节能措施，影响了低碳社区建设的成效。

同样的例子，北京的昌平新城建设规划①，从规划设计开始就十分注意低碳和节能减排，注重节约土地、节水和节约能源等。新城规划用地面积220平方千米，包括昌平、沙河两个组团。东部新区

---

① 本课题组主要成员参与了北京市昌平新城的建设规划。

144

是昌平组团中的三个片区之一，位于老城区东侧，与老城区一水相隔，规划集中建设用地 65 平方千米，城镇人口规模控制为 60 万人。由于东部新区处于规划建设初期，在政府节能减排方针和各项政策的指导下，能够保证自上而下地推进节能减排和低碳工作。由于能源科技是昌平区的龙头产业，其发展为实现节能减碳提供了先天的技术优势。以昌平区建设能源科技产业基地的构想和实施规划为基础，以东区新城和沙河组团的建设为契机，通过推进产—学—研—用一体化，其目标是使昌平成为国家能源科技产业发展示范区、辐射全国的能源科技发源地、能源技术交易中心、能源科技产业化基地、能源科技人才培养基地、国家节能减排示范区。

又如，为了引进国际高端人才，中共中央组织部实施了"千人计划"①，在昌平区北七家镇与小汤山镇地域范围内规划建设的"未来科技城"，以科技创新为统揽，在京北地区建立科技创新基地，在设计时就规划为"低碳节能之城"，实施绿色交通系统，构建废弃物

---

① 中央人才工作协调小组制定了《关于实施海外高层次人才引进计划的意见》（简称"千人计划"），主要是围绕国家发展战略目标，在未来 5～10 年为国家重点创新项目、重点学科和重点实验室、中央企业及国有商业金融机构等，引进 2000 名左右人才，并有重点地支持一批能够突破关键技术、发展高新产业、带动新兴学科的战略科学家和领军人才来华创新创业。"千人计划"由中共中央组织部负责实施。

处理系统、雨水循环系统和节能系统，提出"创新、开放、共生、低碳、人本"的理念，试图引领城市新区建设的潮流，更多体现"人文、科技、绿色"的理念和节能、环保、生态、低碳的技术要求。

相反，在旧城区却无法对这种系统进行彻底改造和按照新理念重塑，使节能减排工作推进迟缓。

（三）历史文化遗存保护问题

在社区建设中还有一个不容忽视的问题，就是历史文化遗迹的处理问题。在中国，许多城市都有丰富的历史遗存，它们具有不可复制性。正是这些历史文化遗存，才使这些城市有了丰富的文化内涵和价值。但是，文化遗存的保护问题也是低碳社区建设和低碳技术推广中不得不考虑的问题。

譬如，还是武汉市江岸区，这是武汉市历史文化积累最为深厚、近代历史建筑和传统住区风貌保存最为完整、集中的老城区。这里集英、法、德、美、日等五国前"租界"建筑遗址于一区（见图 4-1），拥有丰富的历史住区环境和文化遗产资源。

但随着近百年老龄化历程，武汉市江岸区产生了严重的旧城住区衰退（decline）问题，主要表现在以下几个方面。

• 旧住区传统经济和社会基础损耗严重；

（1）巴公房子

（2）华商赛马公会

（3）汇丰银行

（4）璇宫饭店及国货商场

图4-1 武汉市江岸区部分原"租界"建筑

资料来源：华中科技大学王晓鸣教授提供。

- 旧住房大多严重老化且居住环境劣化；

- 历史建筑及传统住区风貌在旧城改造中拆毁或丧失；

- 地价上涨使旧住区更新改造日益困难；

• 旧城居民收入下降，并成为产生"弱势群体"的潜在根源。

在这样的背景下，如何提升旧城居民生活质量，如何在保护有浓厚旧城地方特色民俗文化环境的同时，对经营性污水、废气和垃圾排放进行环境达标治理，实现节能减排，建设低碳社区，都具有很大的挑战。

因此，保护历史建筑和风貌街区，增加绿化和停车位，降低人口密度、建筑密度和建筑高度，建设滨江商务区，使江岸重现老汉口的繁华，这是一项非常繁重的任务。为此，江岸区制订科学的旧城住区环境改善和文化遗产保护修复规划，探索旧城社区弱势群体居住环境质量改善管理机制，并同时改善旧城历史民俗文化街的环境，有助于在提高旧城居民生活环境质量的同时，促进历史街区文化遗产资源的保护和利用。

第二节　示范工程与政策不匹配

（一）建设成本问题

在低碳社区建设中，政府推进的示范工程与国家相关政策不配套、不衔接，使示范工程不能起到示范作用。

为了推进节能减排工作，政府推出了一系列具有实验和示范意义的工程，对人们了解和学习节能减排和低碳生活起了重要作用。
但是，这些示范项目和工程在推广起来却遇到了许多障碍。

按照相关规定，城市公共建设项目需要城建部门、发展和改革
部门、财政部门等审批以后才能建设，在既定的制度框架内，通过
政府采购而选取造价最低的材料。而问题在于，最节能环保的项目
可能在经济上并非最节省的（技术上的可行性与经济上的可行性不
一致），这就有可能与政府采购的相关原则相违背，使得许多节能环
保的好项目不能得到立项，在实践中不能得到推广应用，也使一些
示范工程虽然建起来了，但只能停留在"形象工程"的层面上。这
里的问题在于城市公共建设项目投资中存在两部分成本，即建设成
本和运行成本，其与总成本的关系如下。

$$总成本（TC）=建设成本（FC）+运行成本（VC）$$

对建设成本而言，它是一次性投入，可以使用许多年，随着其
寿命的延长，分摊到每个年份的平均成本具有递减的倾向，使用年
限越长则平均成本越低；对运行成本来说，则是与时俱增的，就是
说，每一个年份都会有成本的发生，而且随着运行年限的增加，改
造、修缮等使运行的边际成本具有递增的倾向。为此，问题的性质
就在于把建设成本和运行成本之和（$FC + VC$）或总的平均成本
（AC）降到最低（如图 4 - 2 所示），而不仅仅是建设成本的最低。

图 4-2 中分别表现了两种建设成本。对于第一种投资，建设成本（FC_1）低，但运行成本（VC_1）高；对于第二种投资，建设成本（FC_2）高，而运行成本（VC_2）低。两种投资相比较，总的平均成本 $AC_2 < AC_1$。显然，第二种建设投资方式更适合于节约的原则，但现行的政策和管理体制往往鼓励第一种建设投资方式。

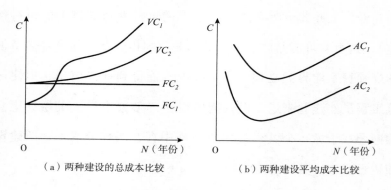

（a）两种建设的总成本比较　　　　（b）两种建设平均成本比较

图 4-2　两种建设成本之比较

（二）"节能"与"节钱"的矛盾

与此相关的是"节能"与"节钱"的矛盾问题，即社区低碳技术推广时所谓"节能不节钱"的问题。

在低碳社区建设时，许多措施的采用明显可以节约能源，但是要采取这些措施还需要一些相关配套设施和技术，还需要花一笔钱，一些居民感到"节能"了，但没有"节钱"，整体支出增加了，从而导致"节能"与"节钱"之间的矛盾出现。

究其原因，主要是在低碳社区建设中，"节能"和"节钱"不属于同一个利益主体，两者没有统一起来。

就"节能"而言，是全社会的节约，它通过能源的节约使用达到整个社会资源节约和环境友好的目的，具有宏观意义和社会意义；而"节钱"却只是个人和家庭的节约，由于家庭收入（Y）可以分为家庭消费（C）和储蓄（S）两个部分，即 $Y = C + S$，在 Y 不变时，C 的减少（节约），就意味着 S 的增加，或者，节约可以增加同量支出 C 时，扩大消费的范围和实物量，因而"节钱"对家庭和个人具有重要意义。所以，"节能"是对社会的贡献，表明了一种社会义务和责任，对家庭和个人却不能体现出利益；"节钱"却是实际支出的减少，这对个人和家庭来说是实实在在的。

正是由于"节能"与"节钱"两者主体的不统一，基于利益关系的考虑，才使节能减排工作和低碳社区技术推广起来存在困难。

第三节　管理体制不顺畅

（一）驻区大型国企与城市地方政府关系不顺畅

在推进低碳社区建设和城市节能减排工作中，还面临着管理体制不顺畅的问题。在现行的城市管理和运行体制下，当城市政府和社区推进某种节能减排措施时，往往不能绕开驻区大型国有企业。

从发生学上看，中国许多城市的产生和发展系由资源开发而形成，在 667 个建制城市中，有 118 个城市属于因矿产资源开发而形成的资源型城市。[①] 新中国成立以后，针对旧中国微弱的工业过于集中于东部沿海，不利于资源的合理配置，且对国家的经济安全也极为不利的局面，为了推进工业化进程，也为了改变旧中国工业布局不合理的状况，在生产力布局上国家实行了均衡发展的方针，实行了高度集中的计划经济体制。尤其是在"一五"（1952 ~ 1957 年）期间，考虑到资源等因素，将钢铁企业、有色金属冶炼企业、化工企业等，选在矿产资源丰富及能源供应充足的中西部地区；将机械加工企业设置在原材料生产基地附近，政府把苏联援建的 156 项工程和其他限额以上项目中的相当大一部分摆在了工业基础相对薄弱的内地。这些项目许多属于资源开发类的，由此形成了一批大型国有企业，被称为"共和国长子"。

由于把"先生产、后生活"作为国民经济的建设方针，这些企业把发展生产放在首位，在此基础上再考虑城市建设和社会领域的

---

① 王青云：《资源型城市经济转型研究》，中国经济出版社，2003，第 25 ~ 75 页。

发展，由此，很多资源型城市的形成就是先有企业后有城市，而且城市建设是隶属于企业发展的，这就造成了城市建设与大型国有企业关系不顺畅。特别是在中国，国有企业都有行政级别，有些企业的行政级别甚至高于地方政府，而且这种情形俯拾即是。譬如，天津市大港油田公司的行政级别高于所在区政府的行政级别、大庆油田公司的行政级别高于大庆市政府的行政级别、新疆油田公司的行政级别高于克拉玛依市的行政级别、河北兴隆矿务局的行政级别高于所在地承德市鹰手营子矿区政府的行政级别，等等。

改革开放以后，中国要建设社会主义市场经济体制，而这种经济体制的特殊性，使国有企业在经济活动中居于重要地位。由于国有企业的管理属于"条条"（纵向）管理，而地方政府的管理属于"块块"（横向）管理，这就使政府和社区在推进节能减排工作时，必须进行协调，有时协调成本（交易成本）颇高，致使很好的低碳和节能减排措施及技术往往因协调不够而搁浅。

（二）驻区行政单位与城市地方政府关系不顺畅

不仅如此，在中国城市推进低碳技术时还遇到一个问题，这就使驻区单位行政级别高于当地政府的行政级别。

这在北京市最为突出。北京市西城区是当之无愧的"中国第一区"，因为中共中央、国务院、全国人大、全国政协、中央军委的办公地都设在西城区，国务院许多重要部门，如国家发展和改革委员会、财政部、中国人民银行等也在西城境域内办公，可以说，西城区政府就是西城境域内行政级别最"低"的政府。为此，西城区在推进区域发展时面临着"极高"的交易成本。当然，西城区在区域发展中找到了自己的发展道路，这就是，西城区秉承"大资源观"，把能够推动西城区发展的因素都作为西城区的"资源"，从而有力地推动了区域的可持续发展。西城区作为国家可持续发展实验区（China National Sustainable Communities，CNSCs），在推进区域内社会发展、低碳社区建设、节能减排方面做了大量的工作，成为北京市乃至全国城市社区节能减排和可持续发展的典范。这里，由于中央机关认识到位，对可持续发展有深刻的理解，因而使节能减排工作事半功倍。

北京市西城区是一个极端的例子。更为普遍的是，在城市政府辖区内，有许多城市政府不能管辖的单位。由于中央政府或上级政府部门、单位与其派出机构或分支机构是垂直领导关系，而地方政府对设立在本行政区域内的这些机构、单位没有管理关系，因此这类中央政府或上级政府部门、单位的派出机构或分支机构被叫做"垂直管理机构"，也被称为"条管机构"。垂直管理机构的设置、人员编制、财务、物资供应等均由上级部门直接管理；有的垂直管理机构的党组织关系在地方，由地方党委领导。垂直管理机构主要有中央政府部门垂直管理和省（自治区、直辖市）政府部门垂直管理两种。中央政府部门垂直管理的机构由中央政府部门直接领导，尽管该机构设在地方，并从事带有一定地方性的工作；省（自治区、直辖市）政府部门垂直管理的机构由省政府工作部门直接领导。

由此可见，在推进城市低碳社区建设和推广低碳技术时，面临着巨大的困难，时常因协调成本太高而使好的方案胎死腹中。

（三）城市地方政府各个部门关系不顺畅

管理体制不顺的表现还在于，城市各个管理部门缺乏协调，常常因体制的严重分割而造成许多本可以避免的浪费。本来，低碳城市社区建设和低碳技术推广工作具有综合性的特点，节水、节电、节地等与城市节能材料的使用、城市垃圾处理等都密切相关。但在我国的城市管理体制中，规划、供电、供水、煤气、垃圾回收等处于完全分割的状态，致使为了协调关系就需要花费很大的精力和成本。譬如，电力部门控制着整个城市的电力供应，任何的改造和节能措施都必须得到其认可，这原本也无可厚非，但问题在于这些措施要得到其认可，交易成本往往非常之高。再如，许多城市的道路都有铺了挖、挖了铺的经历，这都是由于各个部门缺乏协调的结果，以至于被人们戏称应该在道路上安置"拉锁"。

其实，城市管理与其他任何管理一样，都存在一个目标。城市管理的目标是城市管理所要达到的预期目的。由于城市管理的多层次性，城市管理目标必然是多元化和多目标的，既要寻求公共利益目标，还要兼顾不同群体和个体的利益。因而城市管理目标远比公共管理和企业管理复杂得多。具体来看，城市管理的目标包括：协调、强化城市功能，实现城市功能完善、运转高效、环境优美、结构合理、社会文明的现代化目标；通过管理与服务，保证城市的长期、稳定、协调发展和良性运行；保证城市发展计划的实施，促进城市社会与居民的健康发展；努力促进城市经济发展，提高城市竞争力。

具体来讲，城市管理既有综合事务管理部门，也有专业事务管理部门，既要保证部门工作有最大限度的进展，也要保证综合效率。因此，城市管理就有综合管理目标和部门（专业）管理目标之分。从理论上讲，综合管理目标包括综合部门的业绩，也包括各专业部门目标成绩的叠加。综合目标往往是指在一定时间内城市的综合运行效果，这种效果来自各部门的共同努力。但是，由于现实管理过程中存在着部门分割等障碍，综合效果往往小于各部门业绩的相加之和，综合管理效率低下。由于每个部门都有自己的工作目标，部门划分越细，目标就会越多。对一件事情来说，部门越多，各部门之间就越容易相互影响，综合目标的合成就越困难，效果也会打更多的折扣。因此，部门细化往往使每个部门与最终目标的距离都增大。

因此，在信息化时代，城市建设和有效管理应该有一个基础性平台，在该平台上，信息资源广泛整合，可以提高政府的管理和服务水平。但是，由于部门分割，各种信息资源都分割到各个部门，这一方面导致了信息不畅通，另一方面也造成了信息的浪费。

正是由于中国经济运行体制和政府运作体制的特殊性，城市的节能减排工作不能绕开大型国有企业和单位，同时，城市管理体制的分割，制约了节能减排工作和低碳社区建设及技术应用工作的推进。

第四节　城市规划原则存在缺陷

在低碳城市和低碳社区建设过程中，一个影响全局的问题就是缺乏长期的规划。事实上，在城市发展中，规划依据什么原则非常重要，它决定着城市未来发展的基本走向。按照一般的理解，我国城市建设通常要遵循以下几个原则。

其一是"整合原则"，就是协调城市局部建设和整体发展的关系，使城市的发展规模、各项建设标准、定额指标与国家和地方的经济技术发展水平相适应；从全局出发使城市的各个组成部分在空间布局上做到职能明确、主次分明、互相衔接，科学考虑城市各类建设用地之间的内在联系，合理安排城市生活区、工业区、商业区、文教区等，形成统一协调的有机整体；同时，任何城市都有一个形成发展、改造更新的过程，城市的近期建设是远期发展的一个重要组成部分，因此，既要保持近期建设的相对完整，又要科学预测城市远景发展的需要，不能只顾眼前利益而忽视长远发展，要为远期发展留有余地；要处理好城市经济发展和环境建设的关系，注意保护和改善城市生态环境，防止污染和其他公害，加强城市绿化建设和市容环境卫生建设，保护历史文化遗产、城市传统风貌、地方特色和自然景观，不能片面追求经济效益而污染环境。

其二是"经济原则"，就是适用、经济、量力而行。由于土地是城市的载体，是不可再生资源，该原则要求合理用地、节约用地，珍惜城市的每一寸土地，尽量少占农田；要量力而行，科学合理地确定城市各项建设用地和定额指标，对一些重大问题和决策进行经济综合论证，切忌仓促拍板造成不良后果。因此，在城市发展中，要把集约建设放在首位，形成合理的功能与布局结构，加大投资密度，提高对城市发展中可能出现的矛盾的预见性，为城市更新预留政府控制用地，以实现城市的可持续发展。

其三是"安全原则"。它要求将城市防灾对策纳入城市规划指标体系，编制城市规划应当符合城市防火、防爆、抗震、防洪、防泥石流等要求，在可能发生强烈地震和严重洪水灾害的地区，必须在规划中采取相应的抗震、防洪措施，特别注意高层建设的防火、防风等问题；还要注意城市规划的治安、交通管理、人民防空建设等问题。此外，还要有意识地消除有利于滋生犯罪的局部环境和防范上的"盲点"等。

其四是"美学原则"和"社会原则"。前者是要注重传统与现代的协调、自然景观和人文景观的协调、建筑格调与环境风貌的协调，城市规划是一门综合艺术，需要按照美的规律来安排城市的各种物质要素，以构成城市的整体美，给人以美的感受，避免"城市视觉污染"；后者是在城市规划中，要以人为本，体现人与环境的和谐，树立为全体市民服务的指导思想，贯彻利于生产、方便生活、促进流通、繁荣经济、促进科学技术文化教育事业发展的原则，尽量满足市民的各种需要。

凡此种种，对城市规划做了许多原则性的规定。但是，面对目前的全球气候变化和化石能源的短缺，在城市建设中把强调节能减排提高到前所未有的高度，使经济原则不再仅仅局限于建设主体自身的预算安排，而成为整个城市发展都必须遵循的原则。恰恰是在这方面缺乏长期的规划和安排，致使暴露出许多非常严重的问题。

不仅如此，在城市的功能分区上，也需要进行深刻反思。许多城市工作地和居住地的严重分离，使居住地已经演化成单纯"睡城",导致通勤成本的增高和上下班交通的拥堵,这在许多城市甚至变成一种严重的"城市病"。譬如,在北京有所谓"二三六九中,全城来办公"的说法,以形容国家机关集中在二里沟、三里河、六铺炕、九号院和中南海 5 个地方。由于居住地与工作地高度分离,导致人流在上班时,从居住地倾巢出动,流向工作场所;下班时,又从工作单位流向居住地。导致的结果,一是居住地变成纯粹的"睡城"(如望京小区、天通苑等);二是交通在固定时段堵塞,尽管相关部门采取了多种措施,效果却不甚理想,从而首都被渲染为"首堵"。由于交通拥堵,通勤成本畸高,许多人每天上班耗费在路上的时间占到上班时间的 1/3。"工作好辛苦"是北京上班族生活的真实写照。

由于在城市规划和建设中,一旦形成既有的格局,就会固化,出现"锁定效应",使城市发展陷于"水多加面,面多加水"的恶性循环,形成路径依赖,城市只能沿着高消耗、高污染和浪费的路径不断走下去。就像管仲在其名篇《傅马栈最难》中说的那样:马栅栏如先敷设歪的木条,歪的木条需要歪的木条来配,歪的木条用上了,直的木条就再也无法用上了。①

---

① 《管子》:"先傅曲木,曲木又求曲木;曲木已傅,直木无所施矣。"

第五节　微观领域与宏观形势相错位

在经济学上，有一个著名的"节约悖论"（paradox of thrift）。经济学家亚当·斯密说，资本是由节俭而增加，由奢侈和妄为而减少。但是，"节约悖论"却提出了反论。

"节约悖论"最初来源于孟德维尔的"蜜蜂的寓言"：在蜜蜂的社会里，最初追求豪华奢侈的生活，大肆挥霍浪费，结果社会兴旺，百业昌盛。后来蜜蜂改变了生活习惯，过着俭朴的生活，于是社会凋敝，经济衰退。由此得出结论："浪费""奢侈"在道德上是劣行，对社会却大有好处；反之，"节俭""俭朴"对个人来说是一种美德，但对社会来说却是灾祸，即个人节俭的美德导致有效需求不足，是经济发展疲软的社会罪恶。

根据凯恩斯主义的经济学理论，消费的变动会引起国民收入同方向变动，储蓄的变动会引起国民收入反方向变动。在一个经济体中，如果每个人增加储蓄意欲（即其边际储蓄倾向增加，使在任何收入水平下储蓄率皆上升），社会上所有公司的总收益会减少，这个减少导致经济发展放缓，继而影响薪金增幅减少，甚至出现下跌。最后，总储蓄会因为较低的收入和较弱的经济而不会增加，甚至会下降。所以，增加储蓄会减少国民收入，使经济衰退，是"恶"的；而减少储蓄会增加国民收入，使经济繁荣，是"好"的。这种矛盾被称为"节约悖论"。

凯恩斯主义认为，一个经济体系的总收入水平是由需求面因素决定的，由于在物价低无可低及大量资源闲置的情况下，总供应曲线是水平的，所以总需求上升可以刺激收入增加而不导致物价上涨。消费是总需求的重要组成部分。储蓄增加意味着消费减少，总需求因此而下降，所以国民收入水平下降。这导致了诱发储蓄减少。

然而，在低碳城市和低碳社区建设中，也常常受到"节约悖论"的困扰。就是说，节能减排、低碳社区关键技术推广和应用虽然是一个微观层面上的问题，甚至在更多情况下是一个技术问题，但它还受着宏观经济形势变化和经济政策的影响。城市节能减排工作、低碳社区建设关键技术推广还与国家面临的经济形势和相应的宏观经济政策相关联。

自 2008 年以来，全球性的金融危机和经济危机也对中国的经济发展造成严重冲击。在这种形势下，国家实施积极的财政政策和适度宽松的货币政策，以促进经济增长和平稳发展。为应对国际金融危机，2009 年初，国家从缓解企业困难和增强发展后劲入手，相继制定出台了汽车、钢铁、电子信息、物流、纺织、装备制造、有色金属、轻工、石化、船舶等十大重点产业调整和振兴规划，分别提出了上百项政策措施和实施细则。针对国际市场需求低迷对重点产业的影响仍在继续，一些行业回升基础尚不牢固，资源环境约束日益加剧，抑制产能过剩、淘汰落后产能、优化布局、加快自主创新任务艰巨等问题，国家提出一系列的政策措施，试图在提高产业发展的质量和效益上取得新的突破性进展。

首先是立足扩大内需，巩固重点产业企稳回升势头，继续实施家电下乡和汽车、家电以旧换新政策，扩大补贴产品范围，支持新能源汽车示范推广，稳定和拓展外需，引导企业积极开拓新兴市场。

其次是优化产业布局，严格市场准入，强化投资管理，做好有序转移。建设先进制造业基地和现代产业集群，推动电子信息、轻工、纺织等产业向中西部地区加快转移。

再次是压缩和疏导过剩产能，加快淘汰落后产能，引导产业健康发展，控制钢铁、水泥、电解铝、焦炭、电石等行业产能总量，强化安全、环保、能耗、质量等指标的约束作用，提高落后产能企业和项目使用能源、资源、环境、土地的成本，建立钢铁行业碳排放考核指标体系和汽车产品节能管理制度，启动石化行业低碳技术示范工程建设。

最后是着力推进企业兼并重组，提高产业集中度和企业竞争能力，加强关键领域和重要环节的技术改造，提升优化传统产业，夯实发展战略性新兴产业的基础。

国家的产业振兴和调整规划对保持国民经济平稳较快发展起到了重要作用。国家的政策取向是"近"保经济增长，"远"调产业结构，把危机造成的冲击当成结构调整的重要机遇期。

根据联合国经济和社会事务部发布的《2013 年世界经济形势与展望》① 报告，2012 年度的世界经济增长势头已经在很大程度上趋弱，而且预期在未来 2 年间仍将持续减弱。2013 年中央经济工作会议一再强调经济增长的质量、效益和可持续性，将扩大内需视为经济工作的战略基点，同时稳定和扩大外需。寄希望于增强消费对经济的拉动效应，同时也重视投资对经济增长的关键作用。要引导民间投资，在不重复建设的情况下发展公共投资。2013 年继续实施积极的财政政策和稳健的货币政策。

在所要振兴的产业中，汽车产业是国家的一个重要支柱产业。作为需要"振兴"的产业之一，它的发展对为其提供原料和配件产业的发展（"回顾效应"）、后续产业的发展（"前瞻效应"）以及区域就业水平的提高（"旁侧效应"）具有重要意义，符合国家的宏观经济政策，也有助于国家尽快走出国际金融危机的阴影。为了推进汽车产业的发展，必须扩大内需，通过一些政策来促进人们更多地消费这种商品。然而，在城市能源使用和排放中，交通中的能源耗费一直居高不下，汽车尾气（氮氧化物）成为城市的主要污染物之

---

① 《联合国发布 2013 年世界经济形势与展望报告》，人民网，http：//world. people. com. cn/n/2012/1219/c1002 - 19938875. html。

一。虽然目前各个城市都在大力发展公共交通系统，积极倡导人们更多地使用公共交通，甚至像北京这样的城市还采取了"限号行驶"的办法，但私家汽车仍然有增无减，城市交通已经达到饱和的程度。一方面是交通拥堵，另一方面是空车行驶。据有人估算，每天北京汽车空驶所耗费的汽油，如果用油桶盛满，再将油桶一个个排列起来，可以从三元桥一直排列首都国际机场。看来，城市交通的节能减排，与经济形势和国家宏观经济政策之间还没有统一起来，致使许多好的节能减排政策在实施过程中受到多方掣肘。

可见，微观上的节能减排和低碳城市建设，与国家的宏观经济政策仍然有抵牾之处，仍然不能走出"节约悖论"。

第六节　低碳宣传缺乏创新

（一）宣传形式多样但缺乏创新

宣传缺乏创新，难以实现提高居民节能减排与低碳发展意识的目的。节能减排与低碳发展需要全社会的积极参与。加大节能减排与低碳发展的宣传力度，提高全民节能减排与低碳意识，形成良好的社会氛围，是推进节能减排与低碳发展的重要方面。政府机关、企业、社区、学校通过形式多样的活动，大力宣传节能减排与低碳发展的重大意义、国家相关方针政策、节能减排与低碳发展的基本知识和先进经验,有效地促进了全民节能减排与低碳意识的提高。

但是,从武汉市江岸区的社区节能减排与低碳发展的实践来看,尽管各种宣传活动丰富多彩,也取得了显著成效,使得节能减排与低碳发展意识深入人心,社区居民参与节能减排与低碳行动的热情很高,但依然存在宣传活动内容和形式单调,缺乏深度和创新性,不能够与日益深入的节能减排与低碳发展工作相适应,也不能够满足节能减排与低碳发展意识逐渐提高的居民深层次的需求,一定程度上影响了宣传活动的效果。

问卷调查结果显示,有55%的调查对象认为近年来社区的节能减排宣传活动没有变化;27%的调查对象认为相关宣传活动的效果很好,41%的调查对象认为效果一般,32%的调查对象则认为效果不好,节能减排与低碳发展宣传活动还没有得到居民的普遍认可。对社区居民参与节能减排与低碳发展宣传活动状况的调查显示,经常参加此类活动的调查对象只占27%,听说过此类活动而没有参加过的调查对象占到50%,反映出目前的宣传活动还没有充分调动居民参与的积极性,还未能达到全面提高居民节能减排与低碳发展意识的目的。

(二) 能源统计和计量认知度低

在低碳城市和低碳社区建设中,人们对节能减排的直观理解是节约能源和减少污染物的排放，它更多地停留在节约的理念上，倡导人们去厉行节约，而什么情况下才算节约、节约的量是多少、节约的标准是什么、指标控制是多少、不同情况下能源消耗的比较、如何减碳等都没有科学的标准和计量方式。其实，能源计量是在能源流程中对各环节的数量、质量、性能参数、相关的特征参数等进行检测、度量和计算，它是能源统计的技术基础。能源统计建立在能源计量记录的基础之上，没有能源计量便没有能源统计，只有做好能源计量，才能做好能源原始记录，统计台账才能进行统计汇总和统计分析。能源计量比一般计量更复杂，由于使用的能源多种多样，消耗能源的设备多种多样，涉及的计量仪器仪表多种多样，在低碳社区建设中，社区居民应对此有一定程度的了解。

可以说，城市节能减排能源统计和计量等基础性工作非常薄弱，缺乏相关的标准和计量方式。能源计量、统计等基础工作严重滞后，能耗和污染物减排统计制度不完善，有些统计数据准确性、及时性差，科学统一的节能减排统计指标体系、监测体系和考核体系尚未建立，对能源消耗和排放胸中无数，致使许多节能减排措施无法推行，即使某种措施推行以后，其效果也不能确知。这样，在实际操作中就会存在诸多歧义，造成混乱。

第五章　低碳社区关键技术
推广应用政策措施

在城市推行节能减排和低碳技术，还存在着一些制度性障碍。这些障碍有许多不是在短期内可以消除的，需要长期艰苦的努力。

第一节　推进反"功能区"传统的城市规划

功能区划分是城市规划中的核心内容，它把城市划分成若干个相对独立的部分，如居住区、工业区、商业区、金融区等。功能区是城市功能的载体，是实现城市功能的空间集聚形式，是现代城市运行的方式。每个功能区都有自己所承担的主要功能，确保自己所占有的资源禀赋优势充分发挥，也使整个城市在多元功能整合的基础上进入更高的运行层次。然而，这种城市划分功能区的传统却遇到了巨大的挑战。

本课题研究者曾经考察过位于伦敦附近的伯丁顿（Beddington）社区,① 它由伦敦最大的商住集团皮保德（Peabody）、环境专家及生态区域发展工作组（Bio-Regional Development Group）联合开发，实现了"零能源发展"（beddington zero energy development，BedZED），成为引领英国和世界城市可持续发展建设的典范，并具有广泛的借鉴意义。

伯丁顿社区始建于 2000 年，包括住户、办公场所、商店、咖啡屋、健康中心和幼儿园。社区系统的设计把工作区与居住区结合于一体，一反"功能区"传统，最大限度地减少了城市人口的流动。

零能源发展系统的设计理念在于最大限度地利用自然能源、减少环境破坏与污染、实现零化石能源使用的目的，能源需求与废物处理实现基本循环利用的居住模式。

建设这样一个实验性建筑群的目的，是为城市住宅建筑实现可持续发展提供一个综合性解决方案，它同时解决环境、社会、经济等不同方面的需求，并运用一些可靠的办法降低能耗、水耗和汽车使用量，最大限度地使用太阳能。该社区的建筑设计综合考虑一系列因素，如可再生能源、完美的建筑设计、可持续材料和低环境影

---

① 刘学敏：《英国伯丁顿社区发展循环经济的启示》，《中国经济时报》2005年 2 月 28 日。

响等，是比现代西方建筑和整体设计更为可取的方案。从设计理念上看，主要的目的包括以下几点。

- 减少电力供应负担，从而减少新建电站的要求；
- 减少水供应的基础设施建设和水污染；
- 减少生活和工作中交通拥塞；
- 居住地和工作地在一起，可以减少交通污染排放；
- 减少公共交通的负载，减少拥有私家汽车的需求；
- 减少对地方供应链的刺激；
- 减少社会疏远，因为 24 小时中，所有的团体都在使用公共设施；
- 减少国家对化石能源的消耗，减少碳释放量；
- 由污染减少和环保住宅而带来的健康问题的减少；
- 减少在城市中野生动物栖息地的丧失；
- 减少农业用地的丧失，而且在保证住宅人口高密度的同时，又能提供新房屋中玻璃温室和花园带来的适宜。

这项计划之所以被称为"零能源发展"，是因为这里的建筑物所需的电力和热力供应都不再使用传统的能源，建筑物也不再向大气排放二氧化碳，采用的所有建筑材料均可循环使用。为实现尽可能减少建筑物能源使用量的目标，这里的建筑物全部南向，以最大限度地吸收太阳能量。每个阳台后是北向的办公室或居室，北向的房间能照射到的阳光较少，所以夏天不太热，减少了空调使用量；无论是住户还是办公室，均安装能耗低、效率高的电器产品；屋顶被加以绿化，以减少热辐射。各个方面综合节能的结果，使得这里建筑物的电力和热能需求只有普通建筑的10%。

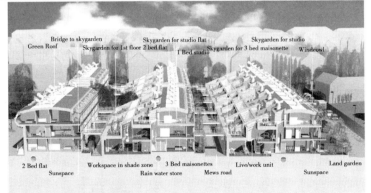

图 5 – 1　零能源发展社区及住宅

水循环和过滤技术的使用，大大降低了小区居民对自来水的需求。雨水被储存在阳台下的水箱内，用于冲洗厕所，所有家庭使用的都是节水型洗衣机和抽水马桶。污水被一种称为"生活机器"的生物污水处理装置就地进行净化处理，处理后的水再输入储水箱供冲洗厕所之用。目前，小区内居民的用水量是普通住宅居民的1/3。

为了减少车辆的使用，房屋设计成办公与住宅共存的模式，鼓励当地经济发展，同时减少对交通的需求。由于离地铁仅20分钟的路程，设计者组织了电动汽车公用俱乐部（City-car-club），使大家结伴而行，不必每人或每个家庭都拥有自己的汽车。此外，还向居住者出借自行车。安装在这里的建筑物上的太阳能电池板足以为40辆俱乐部的电动汽车充电。

社区的垃圾在厨房里就开始分类（厨房灶台上安装有分类装置），先进的生活垃圾焚烧装置的使用，不但解决了小区内的垃圾处理问题，而且还能为小区居民提供热能（如蒸汽、热水等）。一个使用废弃物作为燃料的加热和发电装置，为这里的办公室和家庭供暖。这个装置能提供足够的电力或在负荷增加时获取电力支持。高效的环保保温材料和水循环，使得室内温度在不使用空调的情况下，夏季为20~25℃，冬季为10~15℃。该社区采用了世界上最先进的太阳能技术，加上垃圾焚烧所产生的热能，使小区居民的用电基本可以做到自给自足。

伯丁顿"零能源发展"社区由于绿色设计比常规方案更受欢迎，而且代表未来发展趋势使房产很快升值，所以社区的房产很快就被销售一空，而且供不应求，证明这种建筑形式的市场已经形成。

当然，伯丁顿"零能源发展"社区的发展开始的时间还不长，而且规模还不大，在发展中还遇到许多问题，但它为人们展示了通过节能减排设计和反"功能区"传统实现可持续发展的美好前景。

因此，在低碳城市建设和低碳社区推进中，借鉴国外低碳城市社区建设经验，基于我国城市社区自上而下的管理体制和自下而上的公众参与，以及 NGO 组织迅速发展的态势，在城市规划编制内容中应完善社区空间层面的低碳规划设计，获得社区多个主体，如政府、企业、NGO 组织、社区居民的合作支持，以促进低碳社区规划的有效实施。

第二节　摒弃现代经济学错误思维

现代经济学有一个似是而非的认识，就是扩大消费甚至浪费可以刺激需求，如果你节约 100 元，就可能使一个人失业一天；反过来，要是你购买商品，就会增加就业，而且通过乘数效应使就业和收入成倍提高。针对 20 世纪 30 年代英国大萧条时期的失业，凯恩斯在电台上用抑扬顿挫的语调号召：爱国的主妇们，明天一早上街到各处广告所展示的精彩的销售场所去吧！……你们会感到额外的快慰，因为你们做了有益的事情，增加了就业，增加了国家的财富。为了克服大萧条，经济学甚至提出，"挖一个大坑，然后再埋上"，[①]以借此来扩大就业，增加消费，刺激经济增长。

为此，必须依靠政府的力量来提高社会的消费倾向和加强投资引诱，以扩大有效需求。政府宏观调控主要是通过财政政策和货币政策相结合的办法来进行"需求管理"。

假定经济起初处于图 5 - 2 中的 E 点，收入为 y_0，利率为 r_0，而充分就业的收入为 y^*。为克服萧条，政府可实行扩张性财政政策将 IS 右移，也可实行扩张性货币政策将 LM 右移。采用这两种政策虽都可以使收入达到 y^*，但会使利率大幅度上升或下降。如果既想使收入增加到 y^*，又不使利率变动，则可采用扩张性财政政策和货币政策混合使用的办法。

如图 5 - 2 所示，为了将收入从 y_0 提高到 y^*，可实行扩张性财政政策，使产出增加，但为了使利率不因产出增加而升高，可相机实行扩张性货币政策，增加货币供应量，使利率保持原有水平。从图 5 - 2 可见，如果仅实行扩张性财政政策，将 IS 移到 IS'，则均衡

---

① 〔英〕伊丽莎白·约翰逊：《凯恩斯是科学家还是政治家?》，载〔英〕琼·罗宾逊编《凯恩斯以后》，商务印书馆，1985。

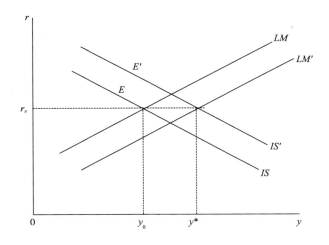

图 5 - 2　财政政策和货币政策结合

点为 E'，利率上升到 r_0 之上，发生"挤出效应"，产量不可能达到 y^*，如果同时采用"适应性的"货币政策，增加货币供给，将 LM 移到 LM'，则利率可保持不变，投资不被挤出，产量就可达到 y^*。可以看出，无论是财政政策还是货币政策的使用，都是在不改变经济结构的前提下来影响经济总量（包括就业总量和国民收入总量）的。

在我国目前的经济境况下，为了促进经济增长、扩大内需，各级政府都致力于扩大社会投资、增加消费。为此，全国各地出现了大搞"形象工程"的热潮，修大广场、盖办公大楼、铺大草坪美化市容等成为流行的风气。许多政府新领导班子上任以后，在错误的政绩观下，以投入求速度、以消耗求发展，普遍大搞"政绩工程"，特别是热衷于投资建设产值高、税收多的大项目；在消费领域，鼓励消费，全社会形成超前消费、过量消费的奢靡之风。

的确，这些措施在一定程度上拉动了内需，刺激了经济增长。然而，增长并不等于发展。作为发展，不仅包括增长，还包括结构升级和制度演进，甚至还包括思想观念的变化。

不仅如此，现实经济并非保持静态不变，而是一个动态过程。从长期、动态的角度来看，人们会将节约下来的钱用于投资，以增加生产能力，从而使经济趋向繁荣。相反，若只图眼前繁荣，大肆挥霍浪费，则会影响未来经济发展，甚至导致经济停滞和崩溃。正是基于这个意义，一般人们强调节约，反对奢侈浪费。

必须摒弃一种认识：更多的消费甚至浪费，可以刺激生产，通过乘数效应可以引起生产的更快发展，使更多的人就业，可以实现国家宏观经济管理中充分就业的目标。实际上，这是一个谬论。因为它只看到即期效果，而没有看到它的长期影响；只看到一枚硬币的正面，而没有看到它的反面。刺激消费固然可以扩大生产、增加就业量，但如果把生产要素转移到节能和减排的设施上，同样可以扩大生产和就业，产业结构轻型化也能达到同样的效果，只不过是经济结构发生了变化。

所以，在微观层面上，需要在政策上不断创新，使节能减排政策与城市建设相配套，并通过利益的诱导机制，使节能减排成为城市居民自觉的行动；在宏观层面上，节能减排工作必须与国家的产业结构和经济结构的调整结合起来，两者相互支持，而不是互相抵牾，在保增长和促进节能减排的基础上，实现结构的调整和优化。

第三节　社区低碳和节能减排政策创新

良好的政策能够积极推动节能减排与低碳发展工作的开展；反之，则不仅不会带来成效，甚至产生阻碍作用。由于政府在最初制定政策时很难做到面面俱到、万无一失，所以，一方面政策需要通过实践的检验而不断纠错和改进，另一方面也需要随着社会经济的发展和环境的变化而不断创新完善。思想指导行动，行动产生结果。只有用创新的思想观念去思考和分析节能减排与城市社区低碳发展工作中出现的新问题，才能对现行政策进行创新。

（一）以生态文明指导社区建设

发展观必须转变，大力推进生态文明建设。推进节能减排与低碳发展、建设低碳城市和低碳社区、加快建设资源节约型和环境友好型社会，既是一个社会经济发展问题，一个环境保护、资源开发、能源利用的问题，也是一个创新发展观念、树立资源节约意识、倡导环境伦理、建设生态文明的价值问题和道德问题。[①] 所以，要创新和完善节能减排与低碳发展的相关政策，应该创新思想观念，用科学、生态的发展观来指导社会经济发展。必须树立人与自然和谐相处的生态文明观，还应该倡导健康、文明、理性的消费方式，节约能源，合理利用资源，减少消费对环境的负面影响，促进人与自然的和谐相处。

推进生态文明建设，要调整并控制人类活动对自然生态环境的改造和扰动，变"征服自然、改造自然"为"创造性地适应自然"，使自然生态环境的演化有利于恢复、维持人类社会与自然生态环境的和谐关系。生态文明建设是可持续发展战略的重要内容，它植根于自然界之中，根植于人与自然、人与人之间的和谐相处之中。

生态文明建设的前提是尊重自然、顺应自然、保护自然，维护人类自身赖以生存发展的生态平衡。这是一个从自发到自觉的历史过程。马克思曾经指出，文明如果是自发地发展，而不是自觉地发展，则留给自己的是荒漠。为此，必须突破传统生态与产业矛盾的思路，不断创新发展模式。对人类来讲，可持续发展是一个有起点而没有终点的事业，而生态文明的建设将开启一个人类文明的新时代。

---

① 莫神星：《节能减排机制法律政策研究》，中国时代经济出版社，2008。

（二）以"深绿色"支撑社区建设

节能减排与低碳发展重要性的认识必须深化。随着社会经济的快速发展，资源短缺与环境污染日益成为影响我国社会经济健康持续发展的"瓶颈"，同时，随着我国温室气体排放量的日益增多，在全球气候变化问题上也承受着越来越大的国际压力。在这种情况下，节能减排与低碳发展日益受到重视。在十八大报告中，更是阐述了大力推进生态文明建设的必要性和措施，要全面促进资源节约，着力推进绿色发展、循环发展、低碳发展，形成节约资源和保护环境的空间格局、产业结构、生产方式、生活方式。

为了实现这一目标，不仅现有的资源消费模式需要进行必要的调整，而且整个社会经济系统都需要有所转变，需要从更高、更重要的角度来审视节能减排与低碳发展的重要性。从现实需要来看，节能减排与低碳发展也是保持我国经济社会可持续发展的必然选择，采取合理可行的节能减排与低碳发展政策是实现生态文明的必由之路。

特别值得注意的是，中国的绿色发展应该是基于"深绿色"的。自从挪威哲学家纳斯（Arne Naess）提出"深生态学"术语后，"深绿色"便逐渐取代"浅绿色"而引领世界潮流，这是人类对自然生态环境认识的一个重大飞跃。"深绿色"不再是简单强调"以人为中心"而保护自然生态环境，它强调，大自然是一个整体，自然系统中的各元素互相影响、互相依赖，每一个生命的螺丝和齿轮对大自然的健康、发展都是重要的，这是自然进化和选择的结果，人类生命的维持和发展，依赖于整个生态系统的动态平衡。作为一个发展中的大国，中国已经成为世界主要经济体之一。中国强调"绿色"发展，尤其是要以"深绿色"为指导思想而进行绿色经济发展。

为此，认识的深化首先就必须从"浅绿色"变为"深绿色"，在推进低碳城市和低碳社区建设时，一定以系统的思维为指导，使人与自然、人与社会、人与人和谐地融入系统。不仅如此，还要坚决摒弃"伪绿色""假绿色"和"反绿色"，它们主要表现在以下方面。

一些社区建设在"以人为本"的幌子下，以"绿色社区"为标榜，以欧美风情为诱导，动辄"普鲁旺斯""维也纳""美利坚"，宣称把"家建在大自然中"，"沿着树的方向回家"，把"生态足迹"踏遍自然风景区。这类社区的建设表面上是绿色的，符合绿色的原则，但是，低密度的社区建设在土地资源稀缺的大背景下无疑是一种浪费，不符合可持续发展的原则。不仅如此，这类社区的建设是少数有钱人、特权阶层拥有的局部"生态"与"绿色"，是以多数人共享的城市乃至区域的优美环境为代价的，它凸显了社会问题的严重性，因此，是绿色表面下的"伪绿色"，甚至是"反绿色"。

在一些社区建设中，房地产开发商以"超大户型""二次置业""town house"等华丽辞藻来引导消费者的所谓"新生活方式"，在消费社会推波助澜，行"反绿色"之实。其实，这是经济学家所谓的"消费者主权"（consumer sovereignty），它存在着很大程度的误导，因为它仅仅考虑到经济规律而忽视了可持续发展的原则。经济学所阐明的消费者与生产者之间的关系是：消费者在市场上购买他所需要的商品和劳务，并把这种愿望告诉市场，并通过市场转告给生产者，于是，生产者听从消费者的指令而进行生产。但问题是，消费者并不总是正确的。事实上，一些消费者穷奢极欲或者放纵的恶习会使整个社会的生产扭曲；反过来，人类的真实欲望也为生产者推销以及促销广告中的虚拟欲望所代替，以消费的膨胀甚至"浪费"来支持生产。

（三）低碳社区建设技术创新

在城区节能减排与低碳发展中，尤其应该加强各种高新节能减排与低碳发展技术在城市公共系统、企业和居民生活中的应用，同时应该不断研发新的节能减排与低碳技术，降低技术成本，以满足节能减排与低碳发展的需要。

例如，在公共照明领域，目前部分地区正在推广使用的风电—太阳能互补路灯系统能够达到很好的节能效果，可是由于技术不够成熟、成本较高，推广普及存在障碍。只有通过技术创新降低成本，才能更好地推动该节能产品的普及。

在交通系统，天然气作为一种清洁能源，已经开始得到应用，可是很多地区的天然气存储和灌装技术普及不够，影响了天然气的大范围应用。只有加强技术创新，降低相关技术的普及难度，才能提高天然气的利用率。

对于企业，节能减排技术成本过高也是导致其不愿主动节能减排的重要因素。只有通过技术创新降低成本，才能提高企业节能减排的积极性。政府应该加大支持力度，促使相关企业结合居民实际需求加快技术创新，不断生产出能耗低、污染小的新产品，满足居民对节能产品的需求。

对于城区生活垃圾及其他固体废弃物的处理，应该大力发展微生物和化学处理技术以及垃圾焚烧发电技术，逐渐改变简单的填埋式处理方式，在提高资源利用率的同时，减轻对环境的损害。

第四节　推进低碳社区能力建设

（一）大力推进全民低碳发展教育和宣传

要加强全民节能减排与低碳发展教育。节能减排与低碳发展和民众的生活息息相关，需要全民的积极参与，为此，需要开展广泛而深入的全民节能减排与低碳发展宣传教育。日本、美国以及欧洲的发达国家都采取了多层次、多元化的宣传政策来宣传节能减排与低碳发展。

在日本，节能宣传工作分两个层次：一是针对社会和家庭节能的宣传，二是针对企业节能的宣传指导。其主要通过节能活动日、节能活动月和每年的节能检查日等活动来宣传节能。除了通过这些活动，尤其是学校教育来加强节能信息的传播外，日本节能中心还通过建立节能信息网站、出版节能杂志和科普读物等，向企业和公众提供和传播节能信息，并举办各种节能技术研修班和大型咨询会、"节能环保设备与技术展览"活动；政府对非营利组织开展节能和可再生能源宣传普及等活动，给予大量的财政补贴。

在美国，政府机构率先主动节能，积极推行节能政策，为全社会做出了表率，许多企业也积极加入宣传节能政策的行列。美国还开展了广泛的宣传和教育，对运行费用、电器寿命成本、能源效率、省钱环保等概念进行普及，以提升消费者的能效意识，主要活动包括：发放出版物，公开示范，媒体宣传，开展各种培训，主办由制造商、经销商、消费者及政府工作人员参加的节能减排研讨会等。

欧洲的一些发达国家在节能宣传方面也做了很多工作，如英国通过王室和政府的引导和表率，形成了一种有效和积极的节能氛围，一些自发的节能和绿色组织对增强人们节能意识也发挥着重要作用；法国非常重视节能的宣传和教育，通过电视公益广告、发放宣传资料、设立公用咨询电话等形式，以及在全国建立 100 个信息宣传点，进行节能宣传；德国能源机构负责组织全国的节能知识宣传，建设了节能知识网站，并设立了近 300 个提供节能知识的咨询点，向民众介绍各种节能知识，政府高级官员不定期地与民众举行讨论会，就政府的可持续发展包括能源方面的政策等内容进行讨论，听取民众的意见，并鼓励民众监督节能减排和环保领域的工作。

当前，我国民众节能减排与低碳发展意识总体来说还比较薄弱，应该加大节能减排的宣传力度，在全社会倡导理性消费和绿色消费观念，增强全民节能意识，提高节能减排与低碳发展的社会参与度。政府需要将节能减排与低碳发展纳入教育体系，采取各种形式加强宣传、教育和培训。要动员理论和实际工作者借助广播、电视、报纸、杂志等多种新闻媒介，采取生动活泼的宣传方式，广泛宣传节能减排和环境保护的法律法规、政策措施、技术项目、先进经验等；要加强舆论宣传和引导，组织制作、发布成功节能案例，传播节能信息，发挥典型的示范和引导作用。同时，要调动舆论监督部门对违法违规企业进行舆论监督，对浪费能源的行为进行批评曝光，形成以节能为荣、以浪费为耻的社会风尚，形成全社会共同节能的良好氛围。各级政府有关部门和企业，要组织开展经常性的节能宣传、技术和典型交流，组织节能管理和技术人员的培训。

要针对城区节能减排与低碳发展进行广泛宣传。对于整体教育文化水平较高的城区，应该广泛开展节能产品普及宣传、节能与低碳知识宣讲等活动。在活动内容创新方面上，可以利用城市地区丰富的教育资源，尤其应该加强与区内高等院校绿色环保相关社团组织的合作交流，借鉴高校在开展社团活动方面的丰富经验，甚至可以联系高校相关社团组织走出校园，走进社区，开展节能减排与低碳发展主题活动。此外，为了提高活动的参与程度和有效性，相关部门在组织活动前，可以就活动内容和形式进行预告宣传，调研居民的兴趣和意愿，更好地贴合居民需求，让居民在参与活动得到实惠的同时，提高节能减排与低碳发展意识。

推进低碳城市和低碳社区建设，推广社区低碳技术，必须"唤醒民众"，"唤醒领导（者）"，使他们了解什么是低碳发展以及如何才能实现低碳发展，使他们了解过去的许多做法和认识是似是而非的，是迫切需要纠正的。"唤醒民众"，这是孙中山先生积40年革命经验得出的结论。更重要的是，低碳发展必须要"唤醒领导（者）"，因为中国所要建立的是社会主义市场经济体制，它是由政府主导型的市场经济，政府官员、各级领导者的行为在市场经济运行中起着重要的作用。领导者的行为就是"领导"，它是一种特殊的权力关系，是指引和影响个人或组织在一定条件下实现目标的过程，

"领导"在经济发展和生活领域都具有很强的表率作用。可见，为了推进低碳社区建设和低碳技术推广，"唤醒领导（者）"是至关重要的。只有"唤醒领导（者）"，使他们充分认识到低碳城市和低碳社区建设的必要性和重要性，才能使他们的决策方式和行为方式发生根本转变，低碳城市和低碳社区建设才能事半功倍。

（二）低碳社区的实验示范

低碳社区建设和技术推广可以实行先试验、后示范推广的原则，主要是在建设中注意倾听各方利益相关者的意见和建议，认真总结成功的经验，不断进行技术创新，注重宣传典型和样板，不断扩大示范效果。譬如，在低碳社区建设中，为了保护丰富的历史文化资源，武汉市江岸区进行了实验示范项目建设。在中国—欧盟环境规划项目（EU-China environmental management cooperation programme，EMCP）的支持下，中国 21 世纪议程管理中心作为项目的组织协调单位，武汉市江岸区可持续发展实验区管理办公室作为项目的组织实施单位，华中科技大学作为项目实施的技术依托单位，探索了旧城改造、低碳社区建设模式。

项目的总体目标是建立和完善武汉市江岸区旧城住区环境质量可持续改善规划、管理模式和创新机制，提高旧城住区环境改善规划、历史文化遗产保护与环境创新、社区弱势群体居住环境质量改善的管理能力，促进旧城可持续发展。

该项目共包括四个子项目，具体如下。

旧城住区环境改善与文化遗产保护修复规划，即通过科学规划、优化、激活旧城区经济和社会发展资源，提升旧城居民生活质量，促进城区第三产业，尤其是旅游业发展。

旧城历史民俗文化街环境改善管理模式，即保护有浓厚旧城地方特色的民俗文化环境，对经营性污水、废气和垃圾排放进行环境达标治理，研究建立集美食、文化、娱乐、观光、教育、文化遗产保护开发等多功能于一体的旧城历史民俗文化街环境改善模式。

旧城社区弱势群体居住环境质量改善机制，目的是坚持"改善社区环境，密切邻里关系，扶助弱势群体，增强社区活力"的原则，提高旧城社区居住环境质量可持续改善管理能力，明显改善旧城社区弱势群体居住环境质量，建立符合中国国情并与国际接轨的旧城社区弱势群体居住环境质量改善管理新模式。

旧城住区环境可持续管理导则，即根据项目总体目标，集成各分项目标工作成果和机制模式，编写具有可示范推广性的旧城住区环境可持续管理导则。

该项目的实施，对解决我国地方与城市可持续发展进程中的旧城住区更新改造和居住环境质量改善共性难题、促进旧城经济与社会协调发展具有重大意义。项目成果对中国几百个大中城市旧城住区更新改造和环境可持续改善管理有普遍示范引导性。

（三） 推进低碳社区建设技术服务市场化

要大力推动低碳城市和低碳社区节能减排与低碳发展服务的市场化建设。在节能减排与低碳发展政策和技术需求的服务方面，除了加强政府的作用外，还要加强市场服务机制的建设，要突出第三方服务，建立节能减排与低碳发展的服务公司或服务中心，并充分发挥这些服务机构在节能减排与低碳发展领域的作用，加快建立并完善节能技术服务体系，给公众提供良好的节能减排与低碳知识和技术服务。

目前，我国许多地方已经设置节能监测（技术服务）中心，受政府委托开展节能监测和技术服务，但是机构能力建设滞后、监测装备落后、信息缺乏和人才短缺，导致其在获取基础信息、开展公众宣传、进行能源统计以及咨询和技术服务等方面的能力十分薄弱。为此，需要对从事节能减排技术推广、信息传播的相关宣传机构、咨询机构、研发机构和科研院校给予专项经费支持、减免营业税等相关资助和税收优惠措施，促进节能减排技术的推广、节能减排信息的传播和普及。①

---

① 孔令磊：《促进节能减排的财税对策研究》，《地方财政研究》2008 年第 1 期。

　　在这方面，可以借鉴和学习一些先进国家的经验。德国能源机构负责组织全国的节能知识宣传，为了方便公众，该机构设有专门的节能知识网站，并开设了免费电话服务中心，解答民众在节能方面碰到的问题；德国联邦消费者中心联合会及其下属的各州分支机构也提供有关节能的信息和咨询服务；政府的其他机构都积极向公众宣传建筑节能知识和政府的方针政策。英国政府有意识地扶持和培养了一批专业节能外包服务企业，为节能减排提供政策建议、咨询服务和措施实施等。

附录1 对北京市建立公共自行车
系统的调研与思考

摘　要：北京的交通问题一直为人所诟病。作为解决交通拥堵的措施之一，建立公共自行车系统越来越受到广泛关注。本文以问卷调查和访谈的方式，就建立北京市公共自行车系统进行了相关调研。通过数据分析，发现一些问题，并提出相关政策建议。

关键词：北京市　公共自行车系统　问卷调查

公共自行车交通系统（public bicycle system，PBS）可以定义为，公司或组织在大型居住区、商业中心、交通枢纽、旅游景点等客流集聚地设置公共自行车租车站，随时为不同人群提供适于骑行的公用自行车，并根据使用时间的长短收取费用，以该服务系统和配套的自行车路网为载体，提供公用自行车出行服务的城市交通系统。① 公共自行车交通系统属于城市交通系统中的慢行交通系统，它在可达性、节能环保、碳减排等多方面有突出优势。利用公共自行车，可以更好地完成与轨道交通的对接，实现资源共享，提高城市交通的运行效率，解决市民出行"最后一公里"的实际问题。

为了推行公共自行车系统，在《北京市"十二五"时期交通发展建设规划》中，北京市明确提出要努力构建以"人文交通、科技交通、绿色交通"为特征的新北京交通体系，建设"5 万辆规模的公共租赁自行车系统"，使"2015 年中心城自行车出行比例达到18%"。② 但是，对于北京这种巨型城市，如何建立公共自行车系统，市民对此如何认识、有怎样的要求等，应当做到胸中有数。本文通过问卷调查和访谈，试图回答这些问题，并提出相关政策建议。

一 调研的基本情况

本次调研以北京市市民为主要对象，以市民对公共自行车系统的态度与要求为主题。在调查区域的选取上，基于北京市是一个"发展均衡的均质化城市"的认识，调查点主要选择朝阳区和东城

① 龚迪嘉、朱忠东：《城市公共自行车交通系统实施机制》，《城市交通》2008 年第 11 期。

② 北京市交通委员会、北京市发展与改革委员会：《北京市"十二五"时期交通发展建设规划》，2012。

区。作为补充，还在中关村、西单以及地铁沿线进行了调研。

调研选点共 17 个，它们是：西单、动物园、王府井、天安门、天坛、国贸、三里屯、双井、中关村、什刹海、地坛、东直门、安贞桥—马甸桥、地铁 2 号线、地铁 10 号线、地铁 5 号线、望京商圈。

调研时间集中在 2011 年 8 月，共收集问卷 1578 份。

二 调研方法与内容

在调研期间，调查组采用指定地点随机发放问卷的形式，通过定点访问、拦截访问和随机访问 3 种方法进行，以期获得更为客观的数据。

共发放问卷 1750 份，回收有效问卷 1578 份，有效率达到 90.2%。调研数据利用 Excel 和 SPSS 等软件进行分析统计。

1. 受调者的基本信息

（1）受调者的主要出行方式

在调查市民主要出行方式时，采用的方法是在调研样点随机选择市民进行调研。调研数据显示，被调查者中有 79.5% 的人使用的是公共交通工具，自驾车和使用慢行交通工具（自行车、电动车）的人分别站 7.8% 和 6.8%；以步行和出租车为主要交通工具的人相对较少，分别占总数的 3.2% 和 2.6%（如图 1 和表 1 所示）。被调查者大部分使用公共交通工具，这是未来公共自行车系统的主要服

| 对北京市建立公共自行车系统的调研与思考 |

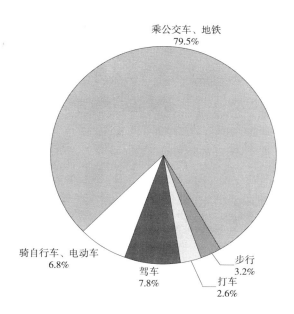

图1 被调查者主要出行方式

务对象，具有代表性。

表1 被调查者主要出行方式

单位：人，%

出行方式	频数	占比
驾车	123	7.8
骑自行车、电动车	108	6.8
乘公交车、地铁	1255	79.5
步行	51	3.2
打车	41	2.6
共　计	1578	100.0

（2）被调查者的年龄

调查数据显示，被调查者的年龄主要分布在 20～50 岁，占总数的 80% 左右（见图 2）。这一年龄段的被调查者身体状况比较适合骑自行车的出行方式，有利于以后分析并得出可靠结论。

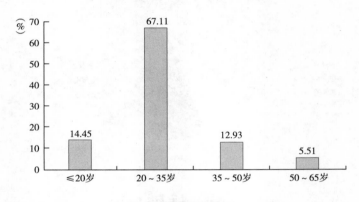

图 2　被调查者年龄

2. 市民对交通状况和自行车使用的态度

（1）市民对目前交通状况的评价

问卷针对市民对现今北京市交通状况的评价进行调查，结果显示，83.3% 的被调查者认为北京市的交通状况属于一般程度及以下，并不理想（见图 3）。由此可见，北京市的交通有很大的改善空间。

（2）市民对自行车使用的态度

由调查数据可知，在北京市骑自行车出行的人并不多。为了了解市民对自行车使用的态度及不使用自行车的原因，调研问卷设计

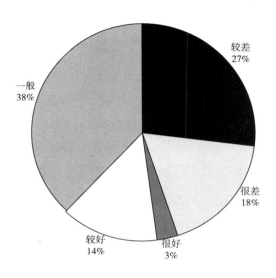

图 3　交通状况评价

并统计了相关问题。

　　回收的有效数据显示，过半的人对在北京市使用自行车持有非乐观态度（见图 4），其中大多数人认为在市区内骑自行车不方便。不方便的原因，按强弱可排序为："自行车道被占"，"机动车过多、不安全"，"自行车停放不方便"，"失窃"。

　　3. 市民对公共自行车系统的态度

　　（1）市民对公共自行车系统的了解

　　对待新事物，只有有了正确的认识，了解其基本状况，才可以真正根据自身需求对其做出正确判断。但是，很多时候人们的判断是建立在不明事实之上的单纯的偏好。

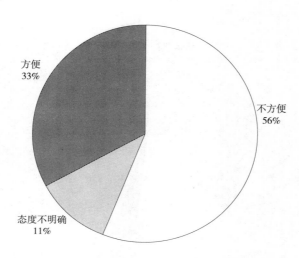

图4　被调查者对自行车使用的态度

通过分析所得的数据，我们发现，在被调查者中，对公共自行车系统"很了解"的人不到20%，而80%以上的人对该系统都处于不了解或概念模糊的状态（见图5）。可见，市民对公共自行车概念十分淡薄，公共自行车系统的宣传推广是十分必要的。

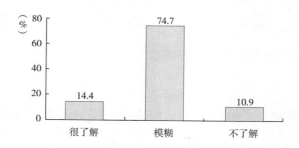

图5　被调查者对公共自行车系统的了解程度

（2）公共自行车系统建立的意义

市民对公共自行车系统建立意义的认识，可以在一定程度上反映市民对该系统的期望，作为系统建立的参考，应该予以充分考虑。

调查得到表 2 的数据，可以看出，大多数市民对公共自行车系统的"节能环保""方便市民出行""缓解交通压力"三方面的意义有较大的认同程度。

表 2　市民对公共自行车系统建立意义的认识

单位：次，%

公共自行车系统建立的意义	被选择次数	占比
缓解交通压力	727	22.6
方便市民出行	896	27.9
节能环保	1146	35.7
提升城市形象	303	9.4
没有实际意义	98	3.1
其他	43	1.3
共　计	3213	100.0

4. 市民对公共自行车系统的要求

（1）使用目的

不同的人对公共自行车的使用目的不同，由此导致使用者对公共自行车的要求呈现出差异。在调研中，被调查者首选的使用目的是"购物休闲"，其后依次是"锻炼""上下班通勤"，而"旅游"等则被弱化了。

值得强调的是，调查所显示的结果与最初建立公共自行车系统的目标——"上下班通勤"有一定出入，应予以充分注意。

（2）使用时长

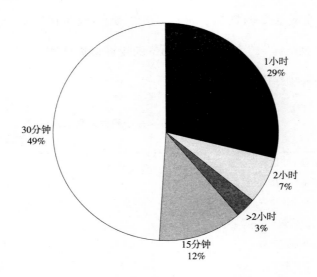

1小时
29%

2小时
7%

>2小时
3%

15分钟
12%

30分钟
49%

图6　使用时长

在对每次使用公共自行车的距离进行调查时，考虑到被调查者对距离数据的不敏感，调查组选择以时间长度代替距离来进行调研。这样，使用时间与距离就合并为同一种对公共自行车系统的要求了。分析结果如图6所示，大部分被调查者选择了1小时以内的骑行时间。

（3）使用费用

对一般的服务和商品而言，价格是直接影响供求的首要因素。公共自行车系统不是严格意义上的公共产品，价格的影响有一定的弱化，但是在减少公共资源被长时间占用等负外部性上，价格还是起到了相当大的作用。

第一，保证方式。

从调研结果可知，64.22%的市民倾向于实名制（以身份信息等作为使用公共自行车的保证），35.78%的市民倾向于押金制（以一定数额的金钱作为使用公共自行车的担保）。可见，"实名制"相较于"押金制"更受欢迎，但是两者之间并没有形成绝对压倒性的优势。

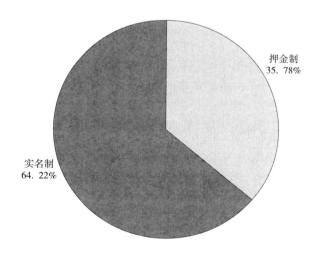

押金制
35.78%

实名制
64.22%

图 7　保证方式调查

第二，免费时间和收费价格。

目前，比较成熟的公共自行车系统收费方式为"免费 + 收费"，北京市公共自行车系统拟定使用该模式。在免费时间的设定上，较多被调查者认为 1 小时比较适当（见图 8）；而对于免费时段过后，收费价格上被调查者较多选择 "0.5 元/小时" ——可选价格中最低的，也有相当数量的人选择了 "分段计费"（见图 9）。

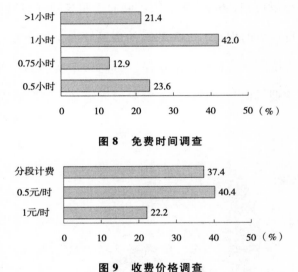

图 8　免费时间调查

图 9　收费价格调查

（4）公共自行车站点设置

在站点设置上，要综合考虑地理位置、交通流量、居民数量以及道路状况等因素。调研主要就市民使用的角度进行分析。站点距离调查数据集中在 300 ~ 1000 米，其中选择 600 ~ 1000 米的比例最大，为 38%（见图 10）。在站点位置的设置上，"地铁周边"被更多地选择，近 1/4 的受调者选择了 "地铁周边"；其次是 "公交站点间"，占 18.2%；而其余的待选站点所占比例则相对比较平均，差距

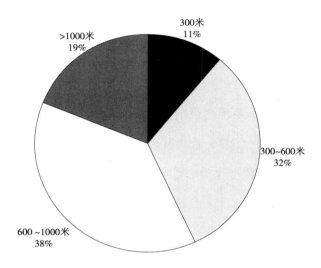

图 10　公共自行车站点间距调查

不大（见表 3）。

表 3　公共自行车站点位置调查

单位：次，%

站点位置	被选择次数	占比
地铁周边	1115	24.2
公交站点间	842	18.2
商业中心附近	580	12.6
居民区附近	635	13.8
学校周边	375	8.1
休闲娱乐区域	520	11.3
旅游景点周边	547	11.9
共　　计	4614	100.0

三　调研结论与建议

1. 调研结论

（1）公共自行车系统建设的必要性

第一，市民对北京市交通状况改善有强烈要求。

作为首都和国家的政治、经济、文化中心，要建设世界城市，北京市需要不断革新自己。但是，交通拥堵等"城市病"的确限制了城市的可持续发展。由调研结果可以看出，大部分市民对现有交通状况相当不满意。交通问题困扰着人们，严重制约了城市的发展。因此，这就客观要求发展自行车这类慢行交通工具。

第二，市民认为公共自行车系统是有意义的。

调研结果显示，绝大多数市民认为公共自行车系统建设很有意义，对此有很大期望。在实际调研中，时而出现极关注公共自行车的市民，他们积极提出建议，并询问公共自行车项目建成和运行时间。由此可见，市民是很有意愿尝试的。

（2）市民对公共自行车系统的要求

通过调查和分析，我们了解到了市民对公共自行车系统的一些要求。

第一，价格机制。

市民对"免费＋收费"的收费模式是普遍接受的，并且免费时长设置为 1 小时为宜。而在超出时间计费上，市民们更倾向于低廉的价格，如 0.5 元/小时。同时，对"分段计费"也不十分排斥，有接受的空间。至于使用公共自行车的保证方式，市民更倾向于实名制，但是也有不少人选择押金制。两者比较，没有明显出现优势方。在访谈中，有相当一部分人支持实名制和押金制相结合的方式，认为这样既有利于公共自行车的管理，又有利于押金的收纳与管理。

第二，站点设置。

在公共自行车系统的站点位置设计上，市民希望将其设立在公共交通的接轨地带——地铁站周边及公交站点间，并且认为这样对解决交通拥堵和方便出行更有效。而像居民区这样的位置，市民普遍认为不需要过于密集的站点。部分市民强调居民区的生活空间已经相对饱和，另辟空间存放自行可能会造成不便。我们认为，站间距离应设置在 600～1000 米，部分地区可根据实际情况适当增减间距，使公共自行车能得到更加有效的利用。

2. 反思与建议

（1）公共自行车系统概念的普及与推广

在调查中，发现很多的市民对公共自行车系统还不是很了解，或者只是简单地"听说过"，甚至还有一些误解。例如，一些人把公共自行车等同为景点周边的收费自行车租赁服务；还有市民认为必须"取还同点"，即在 A 站点租车一定要在 A 站点归还（真正的公共自行车系统是可以异地还车的）；还有极端的人将公共自行车系统误解为"形象工程"，完全没有实际意义；等等。对此，最好的解决办法就是将公共自行车系统的概念普及推广，并建立试运营点。只有真正地被了解，它才有可能被接受。当类似于"绿色出行，健康自行车"的概念主流化的时候，相信使用公共自行车将成为一种潮流。

（2）正确定位系统自身

在公共自行车系统的定位上，现行推广的主要概念为解决市民出行"最后一公里"和连接轨道交通，缓解上下班高峰期交通压力的工具。但在问卷调查中，发现在使用目的这一方面，市民首选的是"购物休闲"，其后才是"锻炼"和"上下班通勤"。这就与系统之前定位存在了矛盾冲突，而且必须注意的是，在一些已有公共自行车系统运行现状的相关研究中，对"解决市民出行'最后一公里'问题"的效果也给出了褒贬不一的评价。那么，北京未来将建成的公共自行车系统将如何自我定位，满足市民使用需求和实现规划目标，将成为值得决策者思考的问题。

（3）软硬件的支持与完善

通过调研，我们还发现了一个值得思考的问题，就是公共自行车系统运行的软硬件系统建设不完善。市民对在北京市使用自行车的便捷性和安全性看法不一，相当一部分人认为自行车虽好，但是在北京市骑自行车并不方便。机动车过多、自行车道被占或过于狭窄、机非混合道中大半作为停车位使用、自行车被盗或停放不方便等问题困扰着想使用自行车的人们。如何解决自行车专用道这样的硬件问题也是公共自行车系统发展的一大障碍。作为软件系统，在使用公共自行车时如何准确便捷地记录使用时间，如何在实现低成本惠民服务和自行车防盗，甚至从细节上考虑如何使用刷卡式租车、租车卡与公交卡的兼容等问题，都值得深入思考。只有强大的硬件系统才能支撑服务，只有灵活的软件系统才能让服务人性化、高效化。所以，在北京市公共自行车系统的建立中，软硬件的支持与维护也是至关重要的。

附录 2　武汉市江岸区节能减排和低碳社区建设调研报告

为了更好地了解武汉市江岸区节能减排和低碳社区建设工作的具体情况，2009 年 10 月 19 ~ 22 日，北京师范大学资源学院刘学敏教授、李强教授以及硕士研究生周嘉蕾、罗永剑、王珊珊、崔剑等赴武汉市江岸区进行调研。调研期间，调研组参加了江岸区政府举办的座谈会，走访了三个社区，并与华中科技大学的师生们进行了学术交流。

10 月 19 日下午，在江岸区政府的大力支持下，调研组与政府相关人员进行了一次座谈会。参会的人员有江岸区科技局局长付中凡、江岸国家可持续发展实验区主任熊学俊、区发改委主任李劲松、区环保局局长何朝晖、区民政局局长刘双阳、区园林局局长胡彦全、北京师范大学刘学敏教授和李强教授、华中科技大学王晓鸣教授和汪洋老师，以及周嘉蕾、罗永剑、王珊珊、崔剑四名研究生。会议由付中凡局长主持。

图1　江岸区政府座谈会

资料来源：崔剑提供。

付局长首先对北京师范大学、华中科技大学师生的到来表示欢迎。他指出，江岸区一直贯彻落实国家政策，大力推进区内节能减排和低碳社区建设工作，努力建设"两型社会"，这离不开国家的支持、政府的重视，也离不开各位专家的指导和建议，在座各位都是这方面的专家，希望此次调研能给予江岸区更大的帮助，更好更快地促进江岸区的发展。

刘学敏教授谈到，此次到武汉市江岸区调研项目是受科技部委托的一个课题，最近在长沙和武汉也开展了建设"资源节约型、环境友好型"社会的工作，江岸区是国家可持续发展实验区的一面旗帜，最近又被评为国家可持续发展先进示范区，在节能减排和低碳社区建设等方面也做了很多工作，尤其是社区节能减排工作，堪称全国典范。此次来调研的目的主要是学习交流，通过座谈、走访等形式了解还有哪些政策需求和技术需求，为以后更好地发展做准备。

实验区熊主任提到，江岸区作为国家可持续发展实验区，一直重视节能减排方面的工作，在2008年被评为国家可持续发展先进示范区。实验区一直重视发展规划的制定，在规划下做好各项工作。近年来，实验区加大了各方面的宣传工作，采取了多种形式。例如，印制6万多份宣传材料，在社区为居民发放；发挥党校作用，印制教材并进行发放；在中小学开展节能减排宣传，发放节能减排手册；等等。同时，也推进各项节能工作的开展，如节能灯的推广与普及、节水工程的建造、生活垃圾分类等。政府在节能减排工作方面也起到了带头和表率的作用，如政府大楼进行节能建造、安装节水设备等。最后，熊主任谈了一些建议：一是法律法规和政策需进一步完善；二是加大资金支持力度，如设立专项资金等；三是加大专家的深入调研和指导工作；四是培训相关管理人员。

接下来，区发改委的李主任对江岸区的发展情况进行了简要的介绍。他提到江岸区的发展要寻求两个突破口：一个是以建设"两型社区"带动经济发展，如百步亭社区的建设，在全国也是知名的；另一个就是3.35平方千米的沿江商务区的建设。在商务区的建设方面，很注重节能减排工作的实施，如尽量利用风能、太阳能；引进环保型企业制造的建筑材料，如欧泰克的节能门窗；使用嘉源华的技术对食堂的废物进行生物处理，以减少对长江的污染，这一技术也正在全市推广，区政府的食堂也在使用。同时，着力把江岸区建成现代服务业的强区。在建设发展过程中，也发现了一个重要的问题，即统计方法等多方面原因，导致统计的数据并不是很准确。这给管理带来了不便，对国家规定的节能减排指标的基数确定也很难把握。

区环保局的何局长谈到，环保局在节能减排方面的工作主要就是污染物减排。通过企业搬迁、产业结构调整等措施，调整区内企业类型；根据全市统一安排，区内设立一个日处理40万吨的污水处理厂，控制工业排放水的二氧化硫含量和化学需氧量（COD）指标；进行锅炉改造，对中小型餐饮企业的油烟噪声进行处理。其中一个大力推广的就是餐饮废物的处理技术，将餐饮排放物隔油后进行生物处理，油可以进一步加工成生物柴油或脂肪酸，目前收购废油的情况也较好，这个技术在政府的食堂也有使用。另外，环保局还在学校、社区、家庭进行绿色宣传，致力于提高公民意识。

区园林局的胡局长提到，园林局投入比较大，是主要产生社会效益的部门。近年对区内进行了许多绿化项目的建设，目前江岸区人均绿地面积达到 6.5 平方米。下一步的任务就是对三环线长 10 千米的防护林进行建造，预计花费达十几亿元，还有就是对楼房的垂直绿化和屋顶绿化等。另外，在建造游园的时候，使用节能灯和太阳能灯，厕所也尽量利用雨水回收。他认为，存在的主要问题是目前很多项目是"节能不节钱"的，建造工程虽然是节能的，但是前期花费比较大，这就需要政府的支持和政策的配套。

随后，我们在政府工作人员的引领下，参观了区政府内部的节能设施，包括雨水灌溉设备、有机废弃物生化处理设备、嘉源华油水分离设备、太阳能灯与风能灯等。在政府的院内，还设有很多公共自行车，供政府人员日常办公使用（见图 2）。此外，政府还倡导办公节能，如少坐电梯、少开一天车等。

10 月 20 日，调研组先后走访了三个社区，进行了座谈和问卷调查等工作。在杨子社区，区委会张桂霞主任介绍了该社区的简单情况。她说，杨子社区位于武汉市的中心地段，占地 0.625 平方千米，

图 2 江岸区政府的节能减排

资料来源：崔剑提供。

人口有 5000 多人，地处老城区，社区内老人、小孩较多。社区对住户进行了大力的节水、节电方面的宣传教育，做了很多活动，如"我为两型献一策"、互换商品的跳蚤市场、"停电一小时"和"袋袋相传"等，提高居民的节能意识。社区也协助居民安装节能灯，目前共安装了 270 盏光控灯，深受居民的喜爱（见图 3）。张主任认为，在社区节能减排管理方面，主要存在以下几个问题：（1）政府的监管力度还不够；（2）活动的形式单调；（3）垃圾分类、处理技术不够成熟。

图3 江岸区扬子社区

资料来源：崔剑提供。

随后，调研组又来到了位于花桥街的大江园社区，社区的贺琴主任对调研组进行了讲解。调研组参观了社区内的各项设施，包括利用循环水的喷泉设施、游泳池、电子废弃物回收箱等，社区内还有多处关于"节能减排"与"两型社会"的宣传栏（见图 4）。之后，调研组来到社区的会议室进行座谈。贺主任讲道，社区开展节能减排工作主要是通过对居民的宣传，这起到了很好的效果，居民的积极性很高，也涌现了很多先进的个人，很多好的做法我们都在社区内推广。另外，社区也引进了很多先进的技术，如现在很多家都安装上了太阳能热水器，社区也在进一步推广宣传。

图 4　江岸区大江园社区

资料来源：崔剑提供。

随后，调研组参观了荣获"全国创建文明社区示范点"的百步亭社区（见图5）。百步亭社区目前占地面积3平方千米，居住人口12万。调研组先参观走访了百合苑等小区，小区内的规划设计，如建筑朝向等都设计得很合理；节水节电设施也一应俱全；一些新修建的住宅楼还运用到了最新的地源热泵中央空调系统，进行小区的供暖与制冷，达到了节能环保的效果。调研组在社区听取了介绍和讲解。百步亭社区无论从社区管理方面，还是从节能减排方面上说，都堪称全国一流，社区运用了先进的理念和技术，如利用节能环保的建筑材料、"水生植物自净技术"等，构建了和谐社区，同时调动居民的积极性，为"两型社会"的建设作出了很大的贡献，值得很多社区学习。

在社区座谈的同时，调研组也和社区居民进行了访谈和问卷调查（见图6）。

10月21日，调研组来到华中科技大学进行了交流，王晓鸣教授就建筑节能给调研组进行了细致的介绍。王教授谈道，建筑节能分为三个层次，建筑本身的节能、设施设备的节能和整个社区的节能。对于建筑本身的节能，主要是看它的规划设计和建筑所用材料等；对于设施设备的节能，主要是利用太阳能等清洁能源和对建筑进行联合供暖等；对于整个社区的节能，主要是推广太阳能灯、小区内禁止汽车通行等。此外，还要注意办公设施的节能和商业的节能等。

图 5　江岸区百步亭社区调研

资料来源：崔剑提供。

在建筑过程中还要注意一点，就是有些建筑材料虽然是节能的，但由于材料产地很远，在运输过程中就会消耗很多能源。随后，王教授又给调研组介绍了他在东北做的草砖房课题的具体情况。在听了王教授的讲解后，调研组和华中科技大学的研究生们做了交流，大

图6　江岸区社区问卷调查

资料来源：崔剑提供。

家都希望以后能有更多合作交流的机会，促进共同进步。

附："节能减排与低碳经济"
调查问卷 （社区）

一 "节能减排与低碳经济" 的了解和参与情况

1. 您是否了解 "节能减排"？

A　很了解

B　了解

C　听说过

D　从未听说

2. 了解的途径是什么？

A　电视广播

B　网络

C　政府文件

D　宣传单

E　广告牌、车箱广告、车体广告

F　报纸杂志

G　活动宣传

H　其他_____

3. 您是否听说过"低碳经济"？

A 很了解

B 了解

C 听说过

D 从未听说

4. 了解的途径是什么？

A 电视广播

B 网络

C 政府文件

D 宣传单

E 广告牌、车箱广告、车体广告

F 报纸杂志

G 活动宣传

H 其他_____

5. 您是否参加过节能减排相关主题的活动？

A 经常参加

B 偶尔参加

C 听说过但没有参加过

D 没有听说

二 对节能减排工作的具体认识

1. 节能减排工作情况调查

（1）您都知道身边的哪些节能减排工作？

A 生产节能（淘汰落后产能、采用先进工艺、废物处理与循环利用等）

B 生活节能（更换节能家电、推广节能环保产品、随手关灯、限塑令等）

C 节能宣传教育（节能减排知识走进课堂和社区、相关的主题宣传活动）

D 节能的奖惩措施（评选节能标兵，关停高能耗、高污染企业）

E 其他_____

（2）您认为这些节能减排工作的效果如何？

A 很好

B 一般

C 较差

（3）您认为这些工作中存在的最大问题是什么？

A 企业节能减排成本过高，难以主动节能减排

B 民众节能减排意识不强，自觉节能行动缺乏

C 政府推进节能减排工作的资金和政策导向作用不强

D 政府对节能减排工作执行情况的监管力度不强

E 其他_____

（4）您所了解各级政府的节能减排政策都有哪些？

A 财政政策：设立节能减排专项资金、推广高效照明产品和节能产品等

B 税收政策：实施有利于节能减排的税费改革、调低小排量车辆购置税

C 法律建设：《节约能源法》《循环经济促进法》《大气防治法》等

D 行政政策：强化节能减排目标责任评价考核、实行一票否决制等

E 产业政策：控制"高能耗高污染"产业发展、大力发展节能环保产业

F 其他_____

（5）您认为这些节能减排政策的实施效果如何？

A 效果明显，很好

B 效果一般

C 效果较差

（6）您认为这些政策存在的最大问题是什么？

A 政策的可操作性缺乏，导致实际执行中存在诸多困难

B 政策的执行力度不够，监管力度不强

C 各项政策之间缺乏协调，且常存在冲突

D 政策措施的宣传力度不够，民众了解较少

E 其他_____

2. 家庭生活节能减排情况调查

（1）您或者您的家庭在照明方面有哪些节约能源的举动？

A 淘汰旧灯具，使用节能灯

B 尽量利用大自然的太阳光

C 睡觉时尽量熄灯或使用小夜灯

D 局部照明与全部照明应配合使用

E 养成不使用或离开房间时随手关灯的习惯

（2）您或者您的家庭在电视使用方面有哪些节约能源的措施？

A 电视置于通风良好处，离墙10厘米以上，并保持两侧通风，以减少耗电

B 长时间不使用电视时，将电源插头拔下，以节省用电

C 养成不看电视时，随手关掉电视的好习惯

D 选购带有睡眠开关的电视

E 全家或多数人一同看电视，热闹又省电

（3）您或者您的家庭对空调的使用做到了哪些节约能源的行为？

A 经常清洗空调机过滤网

B 使用空调时不用电风扇

C　空调使用时将门窗关好，以避免冷气外泄造成浪费

D　选购高能效比（EER）的空调机

E　空调机安装应选择不受日光直射的位置或架设遮阳板

（4）您或者您的家庭对洗衣机的使用做到了哪些节约能源的行为？

A　不用洗衣机甩干衣服，而是让衣服自然晾干

B　洗衣槽装 7~8 分满，先浸泡 20 分钟再洗，其洗衣效率最好

C　衣物少时可用手洗，少用洗衣机，或累积一定数量再洗

D　使用适当的清洁剂、水和运转时间清洗衣物

E　选用节能型洗衣机

（5）在出行上，您采取了哪些有益于节能减排的交通方式？

A　选用环保健康的交通工具出行，如自行车、公交、轻轨等

B　多走楼梯锻炼身体，少用电梯少用电

C　购买小排量或新能源车型，且尽量减少私家车出行

D　选择就近拼车出行，或轮流与邻居、朋友搭车出行

E　其他＿＿＿＿＿＿＿＿＿＿＿＿＿＿＿＿＿＿＿＿＿＿

3. 请您对身边的节能减排工作效果进行评价

（1）周围环境的现状

空气质量　　　　　　　　很好　　　一般　　　不好

生态建设与绿化美化　　　很好　　　一般　　　不好

水环境质量　　　　　　　很好　　　一般　　　不好

| 固体废弃物回收利用 | 很好 | 一般 | 不好 |

| 清洁能源的开发推广 | 很好 | 一般 | 不好 |

| 节能减排宣传情况 | 很好 | 一般 | 不好 |

（2）您在当地居住时间

A　3 年以上　　　　　　　　B　3 年以下

如果您在当地居住 3 年以上，那么近几年周围环境的改变情况

是

| 空气质量 | 变化 | 无变化 | 变差 |

| 生态建设与绿化美化 | 变化 | 无变化 | 变差 |

| 水环境质量 | 变化 | 无变化 | 变差 |

| 固体废弃物回收利用 | 变化 | 无变化 | 变差 |

| 清洁能源的开发推广 | 变化 | 无变化 | 变差 |

| 节能减排宣传力度 | 变化 | 无变化 | 变差 |

（3）请您对本地开展节能减排工作效果进行评分（满分 100）：

____分。

三　您的基本情况

1. 您的性别

男　　　　　女

您的年龄

18 岁以下　18~25 岁　26~40 岁　41~60 岁　60 岁以上

2. 您的职业

（1）政府职员

（2）工人

（3）教师

（4）农民

（5）学生

（6）个体经商服务业

（7）离退休人员

（8）其他

3. 您的文化程度

（1）初中以下

（2）高中

（3）中专

（4）大专

（5）大学

（6）硕士及以上

再次感谢您的参与和支持，节能减排，我们共同努力！

图书在版编目（CIP）数据

低碳社区技术推广应用机制研究 / 刘学敏等编著.
—北京：社会科学文献出版社，2013.6
ISBN 978 - 7 - 5097 - 4725 - 4

Ⅰ.①低…　Ⅱ.①刘…　Ⅲ.①节能 - 社区建设 -
研究　Ⅳ.①TK01 ②C912.8

中国版本图书馆 CIP 数据核字（2013）第 118271 号

低碳社区技术推广应用机制研究

编　　著／刘学敏 等

出 版 人／谢寿光
出 版 者／社会科学文献出版社
地　　址／北京市西城区北三环中路甲 29 号院 3 号楼华龙大厦
邮政编码／100029

责任部门／皮书出版中心（010）59367127　　　　责任编辑／陈　帅　王　颉
电子信箱／pishubu@ ssap. cn　　　　　　　　　　责任校对／李若卉
项目统筹／邓泳红　陈　帅　　　　　　　　　　　责任印制／岳　阳
经　　销／社会科学文献出版社市场营销中心（010）59367081　59367089
读者服务／读者服务中心（010）59367028

印　　装／北京季蜂印刷有限公司
开　　本／787mm×1092mm　1/16　　　　　　印　张／14.75
版　　次／2013 年 6 月第 1 版　　　　　　　　　字　数／141 千字
印　　次／2013 年 6 月第 1 次印刷
书　　号／ISBN 978 - 7 - 5097 - 4725 - 4
定　　价／59.00 元